DOCUMENTS

SUR

LA CULTURE DES TERRES ET L'ÉLEVAGE DES BESTIAUX

DANS LES FERMES

Ce livre demeurera d'attache à la ferme, c'est-à-dire qu'on ne le prêtera pas au dehors et qu'il restera ma propriété.

Émile BLAIZE.

DOCUMENTS

SUR LA

CULTURE DES TERRES

ET

L'ÉLEVAGE DES BESTIAUX

DANS LES FERMES

Par Émile BLAIZE

SAINT-BRIEUC

F. HILLION, IMPRIMEUR, RUE DES BOUCHERS, 3

1873

PRÉFACE

Lorsque les personnes qui ne sont pas initiées aux difficultés de l'art de la navigation considèrent un marin qui est placé à l'arrière du navire, la main appuyée sur la barre du gouvernail, elles disent : « Il est bien aisé de conduire un navire ; » et cependant il est constant qu'un petit nombre de marins ont l'aptitude nécessaire pour lui imprimer une bonne marche : de même, certaines personnes qui habitent loin de la campagne et qui considèrent un laboureur penché sur sa charrue, les mains appuyées sur les mancherons, s'écrient : « Il est bien facile de diriger une charrue ; l'état de laboureur est aisé à remplir. » Ces personnes sont dans une profonde erreur ; ce n'est qu'à force de vigilance, de patience, de calculs, d'expériences que l'on prépare le succès d'une entreprise agricole. Je dis préparer le succès, car, si l'homme a l'espoir de réussir en suivant les lois de perfection que Dieu a fait connaître, c'est Dieu qui, par la disposition des saisons, l'intervention des chaleurs et de l'humidité en temps opportun, donne le couronnement d'une récolte rémunératrice.

En réunissant une série d'observations sur la culture, j'ai cherché à exposer les moyens qui m'ont paru les plus avantageux pour obtenir un résultat lucratif; succès qui est le but de tous les hommes qui travaillent sérieusement. J'ai surtout pris soin de ne signaler que ce qui est susceptible d'être mis en pratique.

Bien qu'il y ait une ligne tracée, je laisse chaque fermier libre de s'en écarter ; mais du moins il y aura plus d'unité de vues entre les cultivateurs et le propriétaire.

Dans une première partie, je traiterai principalement de ce qui a rapport à la terre; dans la seconde partie, je m'occuperai de ce qui est relatif aux bestiaux.

Ce n'est pas à une première, ni même à une seconde lecture que l'on distinguera tout ce qui est exposé sur chaque sujet ; j'engage donc à prendre connaissance de ce qui est écrit sur chaque plante au moment où l'on s'en occupe dans la pratique de l'exploitation.

Ire **Partie**

—

CULTURE DES TERRES

CULTURES DIVERSES.

Ayant remarqué que les produits en vesces, pois verts et pois roux sont fréquemment très-faibles, voici une note sur ces plantes ; mais si on doute qu'on puisse avoir un bon produit, parce que la terre est faible et peu engraissée, il est plus lucratif d'employer le terrain en plantes pour la nourriture des bestiaux, puisque ces plantes reposent en même temps la terre, tandis que la vesce la fatigue toujours un peu.

Vesces.

Les vesces aiment une terre un peu argileuse.

Les vesces réussissent très-bien après une récolte de céréales; souvent, dans les terres argileuses, elles se contentent d'un seul labour sans engrais; cependant la récolte est plus assurée lorsqu'on peut donner un premier labour aussitôt que la céréale est enlevée; on recouvre à la herse.

La vesce peut être semée dans le but de récolter de la graine pour la vendre, ou dans le but de donner de la nourriture en vert aux bestiaux, ou enfin dans le but de donner une portion en vert et de garder le reste pour graine destinée à la vente.

Quel que soit le but que l'on se propose, il est bon de semer épais et d'ajouter un quart d'avoine ; en passant au van avec soin, on enlèvera les graines d'avoine qui pourraient gêner la vente.

En semant épais, chaque tige monte moins haut ; or, il est reconnu que les vesces qui poussent le moins vigoureusement, donnent plus de graine et mûrissent plus également ; ce sont ces tiges qui fournissent la meilleure qualité pour semence.

En semant épais, on a chance d'un plus grand produit, parce que si le champ se désemence, il restera plus de tiges que si on a semé clair.

La vesce craint le sec, mais elle craint aussi les années humides lorsqu'elle se couche sur la terre ; c'est pourquoi il est bon d'écarter cette mauvaise chance en ajoutant un quart d'avoine ou d'orge qui soutiendra les tiges et les empêchera de se coucher sur la terre.

On emploie environ trois hectolitres de graine par hectare.

La graine récoltée sur les vesces d'hiver peut se semer en automne et au printemps ; celle récoltée sur les vesces de printemps n'est pas aussi bonne pour les semailles d'automne.

Bodin recommande de semer les vesces en octobre et en novembre, mais Mathieu de Dombasle recommande de semer en septembre, parce que les vesces semées en septembre se défendent mieux contre les gelées des hivers rigoureux.

Une première remarque faite par Bodin et par Dombasle, c'est qu'il faut plâtrer les vesces en mai, comme on recommande de plâtrer les trèfles et les luzernes en mars.

Une seconde remarque, c'est qu'il est important de couper en vert tout un sillon ou toute une planche et de passer la charrue dans chaque sillon ou dans chaque planche au fur et à mesure que la vesce est enlevée.

Dombasle n'en donne pas le motif, mais je présume que c'est pour empêcher les racines et le bas des tiges de travailler et de fatiguer par suite le terrain en pure perte : la récolte suivante en souffrirait.

Pois verts et Pois roux.

Les sols de consistance moyenne conviennent mieux aux pois que les terres argileuses tenaces ; cependant ils réussissent généralement dans tous les sols à froment. Les pois ne doivent pas revenir sur le même sol avant cinq ou six ans, le lin pas avant six ans, la luzerne pas avant dix ans.

Les pois sont une récolte peu épuisante, même lorsqu'on en récolte la graine. C'est une culture pour laquelle on fait rarement beaucoup de dépenses, soit en engrais soit en labours ; cependant quand elle réussit elle paie bien les soins qu'on lui donne. Quelquefois les pois roux réussissent dans des terrains secs et graveleux : c'est au fermier à étudier son terrain et à examiner : 1° si aucune pièce de sa ferme ne convient ; 2° si quelques pièces conviennent et sont en intervalles de cinq à six ans.

Le plâtrage convient pour les pois.

On met un hectolitre pesant 87 kilogrammes par journal.

Je paierai la moitié de l'achat du plâtre gris, qui coûte 2 fr. 50 c. les 50 kilogrammes.

Dombasle dit : Quand même il faudrait aller chercher le plâtre à vingt lieues, il faut en employer beaucoup. Il est recommandé de ne pas semer le plâtre par un temps sec, mais, au contraire, par un temps humide ou couvert, de préférence le soir ou de grand matin, quand la feuille de la plante est mouillée par la rosée.

Un avantage, c'est que le plâtre, qui favorise la pousse des plantes légumineuses, ne produit aucun effet sur les herbes pour les faire pousser.

Notes sur les Blés et les Avoines de printemps.

Dans ce travail, je m'occuperai plus spécialement de ce qui concerne les blés et les avoines de printemps, mais je ferai quelques remarques sur les blés et les avoines d'automne et d'hiver.

Il n'est pas question de consacrer de grandes étendues de terrain à la culture de printemps, surtout pour les essais ; en y employant un ou deux demi-hectares par an, cela sera plus prudent, et on retirera cependant une partie des avantages que ce genre de culture peut procurer.

Voici les principaux avantages de la culture de printemps :

1° Lorsqu'on est à court de fumier, on peut en fabriquer pendant l'espace de temps qui s'écoule entre la mise d'automne et la mise de printemps ;

2° Lorsqu'on veut conserver des carottes, des navets et des rutabagas jusqu'en mars et même le commencement d'avril, on est à même de les laisser sur le terrain jusqu'à ces époques ;

3° Si des pièces de froment ou d'avoine d'automne manquent, on est à même de semer du froment ou de l'avoine dans des pièces qui deviennent libres au printemps ;

4° S'il y a apparence que le prix du blé sera élevé aux environs de la récolte ou même plusieurs mois avant la récolte, on peut vendre du blé de la dernière récolte à raison du blé que l'on mettra au printemps.

Notes concernant la Culture de l'Avoine.

Quelques personnes voudraient qu'on ne fît jamais d'avoine immédiatement après du blé ; nous avons la preuve en Bretagne qu'on peut le faire dans beaucoup de terrains, mais il y a certains terrains qui ne supportent pas ce genre d'assolement, d'autres qui ne pourraient pas le supporter longtemps.

Dans le pays de Paimpol et autres lieux environnants, on pousse les choses à l'extrême, puisque l'on pratique l'assolement, blé, avoine, continuellement ; mais on fait à chaque blé une terre neuve profonde à grands frais d'hommes et de chevaux ; sans ce travail, qui ramène une terre délassée pour lui confier la production du grain, le blé et l'avoine se trouveraient mis dans des couches qui n'ont pas eu le temps de remplacer les agents chimiques que les récoltes ont enlevés à la terre.

Dombasle dit que la succession de l'avoine après le froment ne doit pas être défendue d'une manière absolue ; il faut consulter la force de son terrain. Cet agriculteur ajoute qu'après la succession froment-avoine, il est très-souvent nécessaire de laisser la terre une année en jachère pour nettoyer le sol. Dans le pays des environs de Saint-Brieuc, on considère les labours mêlés de hersage et de l'emploi du rouleau, pour la préparation de la terre à blé-noir, comme remplaçant la jachère.

Il est à remarquer que dans une ferme où l'on sème 16 demi-hectares de blé, on ne sème que 8 à 9 demi-hectares d'avoine ; cela suffit pour établir qu'on ménage la terre aux environs de Saint-Brieuc plus que ne le pensent des personnes qui ne sont pas habituées à la culture.

Bodin cite que les terres un peu argileuses conviennent mieux à l'avoine que celles qui sont légères. L'avoine est moins délicate que les autres céréales, mais plus on la soigne, plus elle fournit.

L'avoine réussit très-bien sur une prairie naturelle ou artificielle rompue par un seul labour à 14 ou 16 centimètres de profondeur, et lorsque les mottes ne sont pas bien consommées, c'est la seule céréale qui réussisse bien.

Dans les terres humides et tourbeuses, l'avoine est plus productive que les autres grains, et elle ne craint pas autant l'acidité du sol.

Bodin cite que sur un vieux trèfle rompu, l'avoine est très-productive et dédommage souvent amplement des travaúx qu'on lui consacre; mais Dombasle fait l'observation suivante : Si, après avoir récolté dans une pièce du blé puis de l'avoine, on fait suivre d'un trèfle; si après ce trèfle on remet du blé, puis de l'orge, la terre est infestée de mauvaises herbes et il faut une année de jachère, quelquefois deux années de jachère pour délasser la terre et détruire ces mauvaises herbes. Selon Dombasle, une année de trèfle ne suffit pas pour délasser la terre après une année de blé qu'on a fait suivre d'orge ou de seigle.

La raison de ce résultat, c'est que les agents chimiques de la terre qui aident à la production des céréales étant épuisés, les agents chimiques propres à la production des mauvaises herbes et qui sont bien plus communs dans la terre, prennent le dessus.

Lorsque l'avoine est mise après une récolte sarclée, elle salit peu la terre.

L'avoine blanche étant grasse par elle-même, il ne faut pas la mettre dans des terrains gras. Dans ces terrains gras, c'est l'avoine noire qui convient; elle tient debout même sous les pommiers.

Selon moi, il est préférable d'avoir un peu d'avoine de chaque couleur pure, et de faire un mélange pour la majeure partie des autres terres, en forçant sur la quantité de noire ou de blanche dans le mélange, suivant l'état des terrains.

On fume rarement l'avoine, cependant elle récompense de ce qu'on lui donne, elle s'accommode des fumiers frais et peu décomposés, c'est-à-dire peu consommés.

Lorsqu'on sème de l'avoine d'hiver après une céréale, on peut ne donner qu'un seul labour.

L'avoine d'hiver se sème ordinairement de septembre en novembre, mais dans certaines terres il y a de l'avantage à semer l'avoine vers fin décembre ou dans les premiers jours de janvier. C'est au fermier à étudier ce qui est spécial à son terrain. Selon moi, il arrive alors que la terre a mieux pourri dans le vieil hiver et a quelques mois de plus de délassement; en outre, les mottes s'étant rompues par la gelée, la racine de l'avoine sera mieux garnie et sera moins facilement atteinte par les gelées qui font dioter cette céréale.

En quelques localités, c'est un usage de mêler plein un chapeau de blé parmi l'avoine que l'on sème dans un demi-hectare; c'est ma conviction que cela ne produit aucun effet sur la levée, mais je l'approuve, parce que cela fait songer qu'il faut soigner l'avoine comme le blé.

Lorsqu'il y a une croûte formée par la pluie, dans les terres très-argileuses et compactes, sur une levée, on hersera de préférence dans le cœur du jour, lorsque la chaleur a flétri les feuilles de la levée, parce que dans ce cas, étant plus souples, elles sont moins brisées par les dents de la herse.

Le laboureur qui veut avoir beaucoup d'avoine doit labourer profondément le sol pour la mise de l'avoine, afin de livrer sa semence à des couches de terre qui sont délassées; il doit en outre mettre beaucoup de cendre au blé-noir, parce qu'alors la terre conserve encore un peu de cet engrais pour le blé, et le blé, à son tour, laisse un petit excédant d'engrais pour l'avoine.

Lorsqu'on veut faire de l'avoine de printemps, il est bon de donner un ou deux labours avant l'hiver, et ensuite de la semer en février ou mars, sans labourer de nouveau. Cette méthode est très-bonne dans les terres argileuses, que les gelées ameublissent mieux que les labours.

On objectera que si l'on fait de l'avoine de printemps parce que la terre est occupée par les navets, les carottes ou les rutabagas, on ne peut donner un ou deux labours pendant l'hiver. La réponse à une telle objection est facile : dans ce cas, les plantes sarclées par leurs racines et le travail de leur récolte procurent un grand ameublissement de la terre et dispensent le plus souvent du labour d'hiver. Ceci est surtout vrai pour le cultivateur qui a semé du navet hâtif, mi-hâtif et tardif mélangés, puisqu'il enlève pendant l'automne et l'hiver les racines qui se trouvent les plus avancées en maturité.

Il faut bien se rappeler d'ailleurs que les grands agriculteurs supposent que tout l'engrais ou presque tout l'engrais d'un champ lui est donné lors de la préparation pour les plantes sarclées, et c'est dans la supposition d'une semblable préparation que les agriculteurs disent : L'avoine d'hiver donne un grain de meilleure qualité que celle de printemps ; mais la récolte de printemps fournit souvent davantage. La raison de cette différence provient pour une part de ce que la terre a été nettoyée des mauvaises herbes du fumier et du sol qui ont germé et sont sorties de terre jusqu'en mars et avril ; la terre s'est aussi un peu délassée.

Dombasle recommande dans les sols argileux où l'on veut semer de l'avoine de printemps, de donner le dernier labour en automne ou en hiver et d'enterrer la semence par un trait d'extirpateur ou de scarificateur lorsque l'époque du printemps est arrivée. Il ajoute que le même procédé convient parfaitement aux sols légers, qui se tiennent frais pendant bien plus longtemps en les traitant ainsi, que lorsqu'on leur donne un labour au printemps.

Les cultivateurs se plaignent quelquefois que leurs levées d'avoine sont plus infestées de mauvaises herbes lorsque le sol a été labouré dans l'automne ou dans l'hiver ; le fait est vrai, si on ne donne pas le trait d'extirpateur en mars pour couvrir la semence, puisque le sol ayant été mieux ameubli par le labour et par les gelées, les mauvaises herbes y végètent mieux et y ont fait germer presque toutes leurs graines.

Il y a souvent avantage à herser l'avoine de printemps après sa sortie de terre, lorsque de grandes quantités de moutardes et de ravenelles se sont levées en même temps que l'avoine.

Il est important de remarquer que les semences d'avoine pour le printemps, dont les grains sont pleins et bien nourris, sont meilleures que celles dont le grain est mou et léger. L'avoine de printemps se sème de février en avril. On sème de 300 à 350 litres de graine par hectare ; la herse suffit pour la recouvrir, mais il est utile de curer plus tard les raies pour couvrir l'avoine naissante ; on bouche de la sorte quelques crevasses qui existent à la surface de la terre et par lesquelles le froid pénètre à la racine de l'avoine et la fait dioter.

Les semailles hâtives, c'est-à-dire en mars, sont préférables aux semailles tardives ; la semence confiée de bonne heure à la terre se trouve plus développée pour recevoir les chaleurs qui hâtent la croissance et la maturité des plantes. Récolter des grains six ou huit jours plus tôt, c'est quelquefois les soustraire à une chute de grêle ou à un orage.

Il y a trois procédés pour la mise du fumier :

Ou bien on met le fumier au moment de la mise de l'avoine ou du froment de printemps, au lieu de le mettre à la semaille de plantes sarclées qui précède. Ou bien on met une demi-fumure aux plantes sarclées, et on donne le reste du fumier au moment de la semaille de printemps. Ou bien on met lors de la semaille des plantes sarclées toute la quantité de fumier nécessaire pour la semaille des grains de printemps.

Les deux derniers procédés sont les meilleurs, parce que les plantes sarclées : pommes de terre, betteraves, carottes, navets, rutabagas profitent un peu de cet engrais, et surtout parce que le fumier a le temps de faire germer les mauvaises graines qu'il contient ou celles qui sont dans le sol ; par suite la terre est nette ou presque nette pour les semailles de printemps. Enfin, si l'on garde les plantes sarclées jusque vers mars dans la terre, on n'est pas gêné pour la mise de l'engrais.

Blé de printemps.

Bodin fait remarquer que peu de cultivateurs en Bretagne sèment du froment au printemps, et ajoute que le petit nombre qui a tenté cette culture la regarde comme mauvaise. Ce début serait peu encourageant ; mais le même agriculteur ajoute : Cela vient de ce que toute espèce de froment ne peut pas être indifféremment semée dans le printemps, et de ce que l'on ne sème pas l'espèce qui convient à cette époque. Cela vient peut-être encore plus, dit-il, de ce que l'on fait presque toujours ces blés de printemps après un froment d'hiver. Bodin a cultivé avec succès une espèce de froment de printemps connue sous le nom de *Richelle* ; ses produits ont été remarquables en quantité et en qualité.

Dombasle écrit : Le blé de printemps n'est pas, à proprement parler, une espèce particulière ; c'est simplement le même blé que l'on sème à l'automne, mais qui s'est habitué, par une culture continuée plusieurs années, à une végétation plus prompte et à la température pendant laquelle il végète.

Le cultivateur qui veut commencer la culture de printemps doit donc se procurer pour semence du blé qui soit déjà formé à la prompte maturité.

Le grain du blé de printemps est plus petit que le grain du blé d'automne ; par suite, la mesure qui sert pour la semence d'automne contient un plus grand nombre de grains en blé de printemps ; par suite, l'augmentation à faire à la mesure n'est pas considérable.

Le blé de printemps produit ordinairement moins que le blé d'automne, mais souvent la différence n'est pas considérable, surtout si l'on confie la semence à des terres riches et légères, qui conviennent spécialement au blé de printemps et quelquefois mieux qu'au blé d'automne.

Dombasle fait observer que le blé de printemps doit être semé plus épais que le blé d'automne ; il est avantageux, pour cette récolte comme pour toutes les récoltes de printemps en général, de mettre assez de semence pour que le terrain soit bien garni, au moyen de la principale tige de chaque pied, et sans compter sur les tiges latérales ; il arrive souvent, en effet, que, si la récolte est claire, ces tiges latérales se développent l'une après l'autre pendant un long espace de temps ; par suite, ces diverses tiges n'arrivent pas ensemble à la maturité ; on est forcé de faire la récolte lorsque les principaux épis sont mûrs et lorsqu'un grand nombre d'autres sont encore verts, ce qui occasionne une perte considérable. On éprouve fréquemment cet inconvénient sur du blé de printemps et sur des orges semés trop clairs.

Bodin recommande d'éviter de faire la semaille de blé de printemps par un temps humide ; il faut que la terre soit bien ressuyée et bien ameublie : il est donc important de ne pas trop retarder la mise, afin de saisir le moment favorable avant que la saison soit trop avancée.

Bodin écrit : Le froment de printemps réussit très-bien après une récolte de pommes de terre ou de betteraves ; on le sème en février et mars ; la méthode que j'emploie pour ma semaille de printemps est simple, économique et a parfaitement réussi jusqu'à présent. Après les pommes de terre ou les betteraves, on donne un labour d'automne ou d'hiver, et on sème au printemps au moyen d'un fort hersage. La semaille se fait ainsi très-rapidement et de bonne heure. Lorsque la terre a été trop fortement tassée par les pluies d'hiver, on donne un second labour.

Un fermier doit faire bien attention que si Dombasle et Bodin disent qu'on peut couvrir la semence au moyen d'un fort hersage, c'est que leurs terrains sont purgés des mauvaises herbes plus parfaitement que dans la culture ordinaire ; il sera donc quelquefois nécessaire de tenir la terre nette de mauvaises herbes un certain temps avant de couvrir à la herse, de façon à ce qu'il reste relativement peu de mauvaises herbes en ce moment.

Pour rendre sensible le bénéfice qu'on peut faire sur du blé de printemps, supposons qu'on sème deux demi-hectares :

A 35 mesures d'un tiers d'hectolitre par demi-hectare, pour un hectare : 70 mesures à 8 fr.......... 560 fr.

A 40 mesures d'un tiers d'hectolitre par demi-hectare, pour un hectare : 80 mesures à 8 fr.......... 640 fr.

En terminant, je répète ce que j'ai dit en commençant : La culture de printemps ne s'appliquera qu'à de petites portions de terrain, mais il est à désirer qu'on retire de ces portions de terrain le meilleur résultat possible.

Dans les environs de Saint-Brieuc, on met tout ce que l'on peut mettre de blé ; mais souvent des cultivateurs m'ont dit : J'attends à avoir fait un peu d'engrais avant de mettre telle pièce ; d'autres fois on veut remettre au printemps en compensation de pièces détruites par l'hiver. Enfin, après avoir forcé sur les plantes sarclées, on peut revenir à semer plus de froment et en garder un ou deux demi-hectares pour le printemps.

Lorsque les bestiaux mangent des carottes à l'étable, ils fournissent beaucoup de bon fumier en peu de temps.

OBSERVATIONS DIVERSES.

Dombasle, page 273, cite qu'on obtient de beaux blés d'automne après des pommes de terre ou des betteraves, pourvu que la récolte ait pu être enlevée de bonne heure. Si l'on a remarqué quelquefois de l'infériorité dans le produit de blés placés ainsi, cela provient de ce qu'on a récolté tardivement les racines, et par suite, de ce qu'on n'a pas pu donner le labour d'automne en temps opportun. Bien entendu, Dombasle suppose qu'on a donné la fumure aux pommes de terre ou betteraves.

Dans le blé, on pourrait semer du trèfle, et après le trèfle semer de l'avoine, puis recommencer les pommes de terre.

On pourrait, dans un champ fertile, mettre :

La 1re année, des pommes de terre, betteraves ou carottes ou navets avec fumure.
La 2e année, froment, et semer du trèfle dans le blé.
La 3e année, le trèfle occupe la terre.
La 4e année, mettre de l'avoine.
La 5e année, du blé-noir.
Puis recommencer.

On change les semences que l'on confie à la terre selon la qualité de telle ou telle pièce, et au lieu de croire que je conseille un seul assolement, on peut les varier en introduisant la culture du lin, de la vesce, des pois, de la luzerne, du sucrion, du trèfle rouge, ou enfin en laissant la terre en pàture avec genèts et ne faire qu'une parcelle à un certain assolement, donnant d'autres assolements divers à d'autres pièces.

Lorsqu'on met les navets en récolte dérobée, c'est-à-dire après une céréale récoltée, il faut s'attendre à ce que la terre sera bien amaigrie, et il devient nécessaire de mettre un supplément d'engrais pour les navets ou après les navets.

Des Plantes sarclées et des Prairies artificielles.

M. Bodin estime que les plantes sarclées : pommes de terre, betteraves, navets, choux, rutabagas, carottes, ajoutées avec les fourrages artificiels : trèfle, luzerne, ray-grass, doivent tenir au moins moitié de la culture, par les motifs suivants :

1° Leur consommation par les bêtes de la ferme augmente la quantité et la qualité du fumier ;

2° Les soins que leur production réclame contribuent puissamment à purger les terres des mauvaises herbes. On ne doit chercher à réaliser cette recommandation que peu à peu et en se tenant dans de sages limites, c'est-à-dire en produisant les plantes sarclées et les prairies artificielles en proportion de la qualité de son terrain et de l'engrais que l'on possède, et aussi en proportion du bénéfice que l'on peut faire soit sur la vente des bestiaux, soit sur la vente du beurre et du lait, soit pour la nourriture des habitants et ouvriers de la ferme.

Examinons la composition de la culture actuelle des plantes sarclées et des prairies artificielles dans les fermes et de combien on pourrait augmenter leur produit.

Dans une ferme de 46 demi-hectares, on met :

	D.-Hect.		D.-Hect.
En blé...............	13 »	En carottes..............	» 2/3
En avoine.............	7 »	En pommes de terre.......	1 »
En blé-noir...........	4 »	En navets..	» 2/3
En orge...............	» 1/2	En betteraves.............	» 2/3
En lin ou chanvre........	» 1/3	En choux..	» 1/2
En pois roux...........	1 »		
Total........	25 5/6	Total des plantes sarclées.	3 1/2

	D.-Hect.				D.-Hect.		
Terrain sous bois...	1 1/2	}	3 1/3	Prairies.......... 3 1/2	}	6 1/2	
Talus............	1 1/2	}		Pâture........... 3 »	}		
Aire, sol, maison...	» 1/3	}		Trèfle commun..... 4 »	}	6 »	
Suppléments divers	1 1/2			Trèfle incarnat..... 1 »	}		
				Avoine et vesce.... 1 »	}		
	30 2/3					16 »	

On serait plus près de la réalité en calculant sur la terre susceptible d'être cultivée. Le total est alors 43 demi-hect. 1/3, la moitié 21 demi-hect. 2/3 ; la différence entre 16 et 21 2/3 n'est plus que 5 demi-hectares 2/3.

Demi-Hect.

La moitié de 46 demi-hectares et 2/3 serait...... 23 1/6

Si nous déduisons la quantité déjà consacrée à la nourriture des bestiaux, qui est de............... 16 »

Il nous reste pour atteindre la quantité indiquée par M. Bodin................................. 7 1/6

Nous ne pouvons pas diminuer sur les semences de froment et d'avoine, mais on pourrait mettre :

D.-Hect.

1 demi-hect. en carottes, soit en plus. » 1/3

2 demi-hectares en pommes de terre, en plus .... 1 »

1 demi-hect. en navets et rutabagas, en plus .... » 1/3 } 3 »

1 demi-hectare 2/3 en betteraves, en plus .... 1 »

1 demi-hectare en choux, en plus.... » 1/3

On pourra mettre pour prairies artificielles :

D.-Hect.

Quantité de luzerne en plus......... 1 »

Seigle en vert .... » 1/2

Sucrion........................... » 1/2 } 3 »

Vesce et avoine mêlées, semées de 15 jours en 15 jours............ » 2/3

Terrain consacré au semis des choux. » 1/3

6 »

Pour atteindre le chiffre de M. Bodin, il manque 1 1/6

que l'on pourrait répartir entre les différentes cultures déjà mentionnées et quelques plantes qui ne sont pas encore employées dans le pays. Le panais, la chicorée sauvage, les haricots, la moutarde, le sainfoin, le maïs.

Je ne parle pas du colza ; cette plante demande, pour être cultivée, qu'il y ait un excédant de fumier dans la ferme ; d'ailleurs, même en semant des qualités précoces, les oiseaux mangent une partie de la graine, et jusqu'à ce que la culture du colza soit plus répandue, le gaspillage des oiseaux ne porte que sur une ou deux cultures, qui éprouvent une perte considérable.

On pourrait remplacer un demi-hectare de blé-noir par une augmentation de lin ou de chanvre.

Pour profiter des engrais liquides et solides qui seront fournis par les bestiaux mieux nourris ou plus nombreux, il sera indispensable de bien paver les écuries, les étables à vaches, les retraites à porcs et à moutons, pour éviter que la terre ne s'imbibe d'une grande partie des liquides, comme cela a lieu sans cette précaution.

Peut-être aurai-je à exécuter en place d'un simple réservoir creusé dans la cour, un petit réservoir pour conserver les excédants des jus qui ne seront pas absorbés par les pailles; on mélangera ensuite ces jus à des vases ou à des sables de coquillages séchés au soleil, pour les porter sur les terres.

Je m'occuperai ultérieurement de cet objet spécial ; pour le moment, je vais présenter ce qu'il y a de plus intéressant sur les plantes sarclées et les prairies artificielles.

Des Pommes de terre.

M. Bodin considère que toutes les terres conviennent à la pomme de terre, pour peu qu'elles soient ameublies par plusieurs labours et fortement fumées.

Selon Dombasle, dans les terres argileuses, un labour avant l'hiver et deux ou même trois au printemps sont souvent nécessaires pour mettre le sol dans un état convenable d'ameublissement. Le scarificateur ou l'extirpateur peuvent remplacer fort avantageusement un ou deux labours de printemps. J'indiquerai ultérieurement comment ces instruments sont établis ; le scarificateur a du rapport avec une herse à longues dents ; l'extirpateur opère son travail au moyen de cinq petits socs plats de charrue, disposés trois sur une ligne et deux sur l'autre.

Il y a plusieurs variétés de pommes de terre ; c'est au fermier à essayer celles qui conviennent le mieux à son terrain ou aux diverses pièces de son terrain, si le terrain n'est pas partout de même nature, et aussi à vérifier s'il doit préférer les espèces primes, demi-hâtives ou tardives. L'inconvénient des espèces tardives les fait souvent écarter ; en effet, il est nuisible de fouler et de tasser la terre lorsqu'on arrache les pommes de terre au moment où les pluies commencent à devenir plus fréquentes.

Le cultivateur doit encore considérer qu'il lui est avantageux de cultiver plusieurs qualités à la fois, sous le rapport de l'alimentation des hommes et sous le rapport de l'alimentation des bestiaux ; la semence pour les bestiaux donnera une qualité inférieure, mais plus productive.

Si le cultivateur doit s'occuper de l'époque de la maturité des pommes de terre, il doit aussi se préoccuper de choisir les variétés qui se sèment à une époque plus avantageusement qu'à une autre époque.

Il est fort important de tenir toujours les diverses variétés bien séparées dans les cultures, d'une part par la raison que les semences des graines donneraient des croisements ; d'autre part, parce que les diverses variétés peuvent rarement être plantées et récoltées en pleine maturité à une même époque.

Bodin et Dombasle sont d'accord que les moyennes pommes de terre doivent se planter entières ; les grosses se coupent en deux ; les petites pommes de terre ne doivent être employées que quand une disette empêche de les rejeter complètement.

En général, on remarquera que la récolte sera toujours plus considérable lorsqu'on a planté de grosses pommes de terre ou de gros morceaux.

On a souvent proposé d'employer seulement les yeux

ou les germes détachés des tubercules, mais ce procédé ne doit être employé que quand la disette en fait une nécessité absolue. En effet, une grande partie des germes pourrit et se dessèche; ceux qui poussent ne donnent qu'un petit nombre de tiges grêles et un produit très-peu considérable.

Bodin cite que les pommes de terre plantées sur une vieille prairie, ou sur un vieux trèfle ameubli par deux ou trois labours, donnent un produit énorme.

Ce savant agronome cite encore qu'il a eu de grands résultats en enfouissant du trèfle incarnat ou du seigle en vert, pour remplacer une partie du fumier; c'est au cultivateur à calculer ce qui lui donnera le plus de chances de bénéfice, et s'il n'a pas besoin de son trèfle incarnat et du seigle pour ses bestiaux.

La pomme de terre s'accommode très-bien d'un fumier frais, surtout dans les terres argileuses. J'ai vu mettre en terre, dans les environs de Dunkerque, du fumier à peine fait, sans doute pour diviser la terre davantage.

Enfin, M. Bodin a planté des pommes de terre à la fin de mai, après avoir récolté du trèfle incarnat, sur un seul labour, et a obtenu un produit considérable, ce qui lui donnait deux récoltes dans le cours d'une seule année.

Bodin et Dombasle sont d'accord que l'on peut planter en mars, avril et mai, et reconnaissent que les pommes de terre mises de trop bonne heure en terre produisent moins que celles plantées dans la première quinzaine de mai.

Quelles distances doit-on mettre entre les lignes, et quelles distances doit-on mettre sur la ligne?

Bodin recommande d'espacer les lignes de 7 à 8 décimètres (soit de 26 pouces à 29 pouces); par ce moyen, il est aisé d'enlever les mauvaises herbes avec les sarcloirs et les butteurs.

Dombasle indique de 60 à 66 centimètres (soit 22 pouces à 24 pouces), comme la moindre distance que l'on doive mettre entre les lignes; on peut aller, selon lui, jusqu'à 75 centimètres.

Un cultivateur de Hillion recommande 60 centimètres (soit 22 pouces).

En ce qui concerne la distance sur la ligne, Dombasle recommande de mettre 25, 30 ou 40 centimètres; le cultivateur d'Hillion recommande une semelle (soit 27 à 32 centimètres).

En ce qui concerne la profondeur à laquelle on doit placer la pomme de terre, Bodin recommande de la placer au milieu de la bande de terre retournée par la charrue, de manière à ce qu'elle se trouve dans la terre meuble; par ce moyen, l'humidité qui séjourne au fond de la raie, dans les années humides, ne peut l'attaquer ni la faire pourrir.

Dombasle indique de ne pas placer la pomme de terre au fond du sillon, dans les saisons ou dans les sols très-humides; on doit la placer à 5 ou 6 centimètres au-dessus du fond, sur le revers de la bande de terre, en l'enfonçant dans la terre de cette bande.

Le cultivateur d'Hillion place la pomme de terre à quatre pouces de profondeur.

En résumé, j'engage à adopter les distances du cultivateur d'Hillion : Distance entre les lignes, 60 centimètres; distance sur la ligne, une semelle; profondeur, 11 centimètres.

Ce cultivateur engage à ne marrer les mauvaises herbes la première fois qu'à une main de la tige, mais, lorsque l'on bine et marre pour la seconde fois, la tige étant devenue forte, on peut travailler tout près de la tige.

Il y a plusieurs procédés pour planter les pommes de terre.

Bodin, après une récolte de céréales, donne un premier labour en automne, ensuite un hersage; on mène le fumier pendant l'hiver sur le premier labour. Aussitôt que la terre est ressuyée on donne un second labour et un hersage en mars, et enfin, on laboure pour la troisième fois vers le mois d'avril, en plantant les pommes de terre. Dès que la plantation est faite, on herse le sol, et même en temps sec on peut donner un coup de rouleau.

Lorsque les pommes de terre commencent à paraître, on donne un second hersage pour faciliter leur sortie.

Quelque temps après, on nettoie entre les lignes avec la houe à cheval, ou mieux avec la charrue dont on enlève le versoir ; on donne un binage très-fort entre les rangs.

Plus tard, lorsque les pommes de terre ont atteint deux ou trois décimètres de hauteur, on les butte avec la charrue à deux versoirs.

Pour la plantation, voici, ajoute Bodin, la manière la plus simple, la meilleure et la plus expéditive : Lorsque le champ où l'on veut planter les pommes de terre a reçu les deux ou trois labours que l'on juge utile de lui donner, et que la terre a été bien hersée, on divise le champ en plusieurs larges planches et l'on en commence deux.

Pendant que les ouvriers mettent les pommes de terre dans les raies d'une de ces planches au milieu de la bande, les chevaux recouvrent celles qui ont été placées dans l'autre planche, de manière à ce que les planteurs travaillent alternativement dans les deux planches, et ne s'y rencontrent point avec les chevaux.

Dombasle fait l'observation suivante : Lorsque la charrue prend une bande de 30 à 33 centimètres de largeur, on laisse une raie vide après en avoir planté une, de sorte que les lignes se trouvent espacées de 60 à 66 centimètres.

Lorsque la charrue ne prend que 25 centimètres de largeur de raie, on doit laisser deux raies vides ; les lignes se trouvent alors espacées de 75 centimètres qui est, selon lui, la largeur à préférer. Dans mon opinion, il faut tenir compte de la fumure et de la force de production de son terrain pour espacer les lignes.

Dombasle insiste pour que les planteurs ne jettent pas les pommes de terre négligemment dans le sillon ; il insiste pour qu'on les place à la main, en appuyant dessus pour les enfoncer un peu, afin que le cheval qui vient dans la raie ne les dérange pas.

Je crois intéressant de rapporter le mode de plantation suivant ; je suis convaincu qu'il ne sera pas mis en usage, mais il servira comme exemple de l'avantage que rencontre le cultivateur quand il fait chaque chose avec ordre.

Pour diminuer les frais de main-d'œuvre et arriver à donner aux pommes de terre une culture croisée, c'est-à-dire dans les deux sens, avec la houe à cheval, sans que la houe rencontre un seul pied de pomme de terre, voici comment on opère :

On commence par tracer dans le sens de la longueur du champ qui est préparé, des rayons à 66 centimètres de distance, avec un rayonneur à pieds en fonte assez forts pour ouvrir et bien vider une raie d'au moins 10 à 12 centimètres de profondeur.

Cela fait, deux femmes ou deux enfants sont munis chacun d'un petit bâton d'une longueur égale à la distance qui existe entre les pieds du rayonneur, puis on place ces enfants en faisant tenir à chacun le bout d'un fort cordeau bien tendu, par le travers d'une des extrémités du champ ; ce cordeau passe de manière à couper toutes les lignes tracées par le rayonneur ; alors les planteurs placent à la main une pomme de terre dans chacune des lignes du rayonneur, exactement au point où le cordeau coupe la ligne.

Quand on a mis des pommes de terre en chaque point, un ouvrier vérifie d'un coup d'œil si elles sont bien alignées, et aussitôt on s'occupe de couvrir à la main les pommes de terre avec la terre que l'on ramène sur elles de chaque côté du sillon.

Les deux enfants mesurent avec leur petit bâton une nouvelle distance, reportent le cordeau à cette distance, et dès que le cordeau est tendu, les planteurs agissent comme pour la première ligne.

Ce mode de plantation ne demande pas un temps beaucoup plus long que les autres modes de plantation. Si la pièce de terre était très-étendue, on ferait, en deux ou trois fois, les lignes qui coupent par le travers les traces du rayonneur.

Il faut se garder de couper les feuilles et les tiges des pommes de terre avant leur maturité ; car le produit est considérablement diminué. D'ailleurs, c'est une mauvaise nourriture pour les animaux, et ils ne la prennent pas avec plaisir.

Pour terminer, occupons-nous de la récolte des pommes de terre.

Lorsque les tiges et les feuilles des pommes de terre sont sèches, non par maladie, mais parce que l'époque de leur maturité est arrivée, on peut s'occuper de les retirer de la terre.

A cet effet, on prend la charrue à deux versoirs, dont on a enlevé le coutre, et les pommes de terre seront moins exposées à être coupées et meurtries qu'avec les houes. On fait passer le soc du butteur sous la ligne de pommes de terre, et l'on ne lève d'abord que la moitié des rangs ; si on levait tous les rangs ensemble, les pommes de terre arrachées dans le sillon précédent seraient recouvertes par la terre remuée dans le sillon voisin.

Après avoir ramassé les pommes de terre arrachées par le butteur, on découvre, avec le crochet à deux dents (boucard), les tubercules qui ont été recouverts par une légère couche de terre.

Le cultivateur doit apporter une grande vigilance et une grande activité pour éviter que les pommes de terre demeurent trop longtemps mouillées sur la terre, ce qui rendrait leur conservation difficile ; plus elles seront ramassées sèches, mieux elles se conserveront, et meilleures elles seront pour l'alimentation des hommes et des animaux, et aussi pour la semence de l'année suivante.

Culture des Carottes.

Si les pommes de terre sont indispensables dans une culture, soit pour la nourriture des habitants de la ferme, soit pour l'alimentation des bestiaux, les carottes sont de la plus grande utilité comme aliment sain, substantiel et rafraîchissant. Une ménagère qui ajoute au potage quelques carottes, contribue à entretenir la santé chez les habitants, en éliminant les tendances aux échauffements, qui sont des causes fréquentes de maladie.

Un fermier aura donc le soin de semer des carottes pour la consommation de la maison et des carottes pour le fourrage des animaux.

Il y a plusieurs qualités que l'on peut cultiver dans les champs : la carotte rouge longue, différentes nuances de carottes jaunes et la carotte blanche à collet vert ; enfin, le carotte blanche des Vosges. Cette dernière qualité a le collet enfoncé au-dessous de la surface de la terre, en sorte qu'à l'automne et durant l'hiver, elle ne craint presque rien des gelées.

Les carottes peuvent réussir sur des terres de consistance moyenne, même un peu argileuses, pourvu qu'elles soient parfaitement ameublies et qu'elles aient du fond ; il faut bien remarquer que la présence des mauvaises herbes rend le premier sarclage très-dispendieux ; aussi, on ne doit tenter la culture des carottes que sur un sol bien nettoyé de mauvaises herbes par la culture précédente ou les labours et les hersages multipliés. Trois ou quatre labours très-profonds sont nécessaires ; les hersages ne doivent pas être ménagés, autant de fois que les mauvaises herbes apparaissent.

Le premier labour doit avoir 25 à 30 centimètres; les suivants peuvent n'aller qu'à 12 et 15 centimètres.

Il est important que les carottes soient semées sur une terre qui a reçu de fortes fumures pour les récoltes précédentes; si l'on ajoute du fumier à l'époque de la semence, il est indispensable que ce soit du fumier bien consommé.

On sème généralement les carottes en mars. On peut, quelquefois, dans les sols très-riches, les semer dans le lin. On complète alors par la binette le nettoyage procuré au moment où l'on arrache le lin.

Ce qui est essentiel, c'est de semer en lignes distancées de 40 à 50 centimètres. Lorsque la terre est bien préparée, on peut semer sur du terrain à planches, ou à plat. On trace, comme pour les betteraves, de petits billons, et l'on sème sur ces billons. On doit à l'avance froisser la graine avec les mains, afin de la débarrasser de toutes ses barbes, elle est alors plus coulante et se répand plus également. La graine ne sera que très-légèrement recouverte. Aussitôt que les carottes sont levées, on sarcle et on les bine, ne cessant de les soigner autant que les mauvaises herbes continuent de sortir de la terre.

La règle générale est de donner le premier sarclage aussitôt qu'on peut distinguer les jeunes plantes des mauvaises herbes. Cependant, on ne doit jamais sarcler lorsque la terre est trop humide et s'attache au pied des sarcleurs.

On emploie de 2 kilogrammes à 2 kilogrammes et demi de semence par demi-hectare.

On peut retarder la récolte des carottes jusqu'en mars, si les champs où elles ont été semées ne sont pas trop exposés à la pluie: mais il est plus sûr d'en mettre au moins une partie dans les celliers, et de la sorte on peut les conserver jusqu'au mois d'avril.

Lorsque les carottes sont arrachées, on peut les laisser quelque temps sur le sol, où elles sont lavées par les pluies; mais il faut craindre de les y laisser trop longtemps, surtout si on approche de l'époque des premières gelées.

De la culture des Panais.

Je pense que cette culture mérite d'être au moins essayée; il est certain que dans le Léon on fait un grand usage de cette racine pour la nourriture des chevaux, et que sous son influence les chevaux prennent de la taille et du corps. Le seul reproche que l'on fait à la nourriture au moyen des panais, c'est que les chevaux alimentés avec les panais sont mous; mais il est facile de remédier à cet inconvénient. En effet, puisque le panais permet d'économiser sur l'avoine, il suffira d'économiser un peu moins sur le grain : avoine ou orge.

Le panais se sème en même temps que la carotte, et sa culture est à peu près la même, mais il faut absolument qu'on le sème dans un sol frais, riche et profond. Dans ces conditions, c'est une culture très-avantageuse pour l'alimentation des bestiaux. C'est un avantage particulier à cette racine qu'elle ne craint nullement les plus fortes gelées : aussi on peut la laisser en terre jusqu'au moment de la consommer.

Cette racine ne convient pas seulement à la nourriture des chevaux, elle est très-profitable pour l'engraissement des bœufs et l'alimentation des cochons et des vaches laitières.

On met 5 à 6 kilogrammes de graine par hectare.

Il faut bien remarquer que la graine ne peut plus servir après l'année qui suit la récolte : il faut toujours de la graine nouvelle.

Le panais est très-engraissant, mais communique de l'amertume au lait ; il est facile de remédier à cette amertume en joignant la nourriture avec les carottes à la nourriture avec les panais.

Culture des Betteraves.

La culture des betteraves est d'un grand secours dans l'alimentation des bestiaux ; leurs feuilles même donnent un peu de nourriture, mais on doit attendre pour les cueillir qu'elles s'abaissent vers la terre, et cueillir successivement celles qui commencent à jaunir, sans quoi on priverait la racine de l'accroissement qu'elle reçoit de l'humidité de l'atmosphère. On sait que l'on peut conserver la racine six ou huit mois dans les silos et dans les celliers, ressource précieuse pour aider à la nourriture dans les étables.

Bien que la culture de la betterave soit assez connue, je juge utile de dire ce qu'il y a de plus essentiel concernant cette racine.

La qualité à préférer comme fournissant un aliment plus solide est la betterave jaune ; vient ensuite la betterave rouge. Les betteraves présentent ce grand avantage sur les pommes de terre, qu'on peut les donner crues aux bestiaux, en proportion très-considérable, sans qu'il en résulte aucun accident et sans que les bestiaux s'en dégoûtent.

Les betteraves réussissent dans presque toutes les terres, pourvu qu'elles soient bien ameublies par plusieurs labours profonds et fortement fumées. Cependant cette plante préfère les terres un peu argileuses et fraîches. Un labour d'automne et deux labours de printemps sont indispensables.

Bodin a constaté que le fumier enterré au premier ou au deuxième labour et parfaitement mélangé au sol par les labours qui suivent, produit un meilleur effet sur les betteraves que si on applique le fumier au dernier labour.

On a cité plusieurs fois que, quand le fumier est trop nouvellement placé dans la terre consacrée à la culture des racines, si ce fumier n'est pas bien consommé, les racines fourchent et par suite grossissent moins. Cela vient de ce que la plante se divise en plusieurs racines qui vont chercher l'engrais là où il est dans différentes directions et se nourrissent mal au pied de la même tige. Quand l'engrais est bien consommé et bien mélangé, il fournit de la graisse tout autour de la racine unique qui fait un pivot et grossit bien davantage.

Il y a deux manières de faire la culture des betteraves, en semant en pépinière pour repiquer, ou en semant directement en place. Ici, comme en bien d'autres matières, je trouve qu'il est mieux de faire une partie de terrain suivant chaque procédé.

Dans les semis en pépinière, on sème fin mars et commencement d'avril ; alors, le plant est assez fort pour être repiqué en mai, ou, au plus tard, en juin.

Les pépinières doivent être faites dans une terre bien ameublie et bien engraissée, car il est très-important que le plan soit très-vigoureux. Je ne parle pas de faire usage du semoir à brouette ou du semoir à cheval, dans nos terres qui n'atteindront jamais un degré suffisant d'ameublissement pour que leur emploi soit avantageux ; mais je recommande de semer la graine dans des rayons ; on l'enterre ensuite au rateau ; la semence à la volée sans lignes est toujours défectueuse pour la culture des racines.

On recouvre ensuite le terrain avec une légère couche de terreau ou de crottin de cheval qui fourniront aux jeunes plants des engrais faciles à absorber, ou bien on sème à la surface du guano mélangé de terre, ou du guano mélangé dans de l'eau.

Dans les semis en pépinière, on met 25 à 30 kilogr. de semence par hectare.

On doit enterrer la graine à la profondeur de 15 millimètres au moins ; dans les terres graveleuses et dans celles qui ne sont pas sujettes à se durcir à la surface, il est souvent indispensable d'enterrer la graine à trois centimètres.

Le durcissement de la couche supérieure du sol est un des accidents les plus graves qui puissent survenir pendant la germination des betteraves ; il arrive, en effet, dans certains cas, que la jeune plante périt sans pouvoir percer la croûte qui s'est formée.

Lorsque la pluie vient à détremper cette croûte, la plante la traverse aisément ; mais si la sécheresse se prolonge, le cultivateur doit enlever la croûte en quelques endroits pour se rendre compte de la situation des germes qu'elle recouvre : alors, au moyen d'une herse légère ou d'instruments à main légers, on essaie de soulever cette croûte.

Mais j'ai fait l'expérience de ce que deux hommes peuvent répandre d'eau, au moyen d'arrosoirs à larges trous, et je pense qu'il serait préférable de transporter quelques fûts remplis d'eau sur le bord de la pièce et de faire crever la croûte au moyen d'un arrosement un peu fort. On arriverait toujours, par ce procédé, à rendre le travail des instruments légers plus efficace et moins dangereux.

Je vais indiquer une distance qui paraîtra très-grande pour la plantation des betteraves qui proviennent de la pépinière ; en effet, les lignes devront être espacées d'environ huit décimètres, et sur le rang on devra laisser entre les plantes environ cinquante centimètres. Le sarclage devient alors facile avec la houe à cheval. Je suppose toujours un terrain convenable et bien engraissé, de façon à ce que chaque plant attirant à lui beaucoup d'engrais, prenne un volume et un poids considérables. Le calcul permet d'évaluer qu'à ces distances on récoltera dans un hectare 25,000 betteraves, si toutes réussissent.

Il est à désirer que le plant ait la grosseur du petit doigt au moment où on le pique, sans quoi il ne résistera pas d'une manière aussi certaine à l'action de la sécheresse. A cette grosseur on est presque toujours dispensé des frais de l'arroser au moment de la transplantation.

La crainte que les plants des pépinières n'aient pas atteint des dimensions convenables au moment où il faudrait les repiquer, oblige à user en même temps du second procédé : la semence sur place.

Il sera donc prudent de préparer de bonne heure, dans les terrains de choix, une certaine étendue de pépinières, et de disposer les autres terrains pour recevoir un peu plus tard la semence sur place : de cette façon, on aura les meilleures chances pour soi. En effet, on pourra compter sur les semis en place, et on aura l'espoir d'avoir de bons repiquages ; les semis en pépinière se trouvant éclaircis avec intelligence fourniront une récolte, et portion des plants enlevés servira à remplir les vides là où il y aura des manquants dans les semis en place.

Dans les semis en place, il suffit de 7 à 8 kilogrammes de semence par hectare.

Bodin et Malaguti recommandent de mouiller la graine un ou deux jours avant la semence : 1° Parce que dans cette opération les mauvaises graines surnagent et sont mises de côté, tandis que les plus lourdes coulent au fond ; 2° En cas de sécheresse, les graines seront moins vite desséchées ; 3° On hâte ainsi la germination, et alors les betteraves se développant plus rapidement, les mauvaises herbes ne les envahiront pas aussi facilement.

Je crois que pour la graine en question, ces deux auteurs

ont raison, et qu'on peut déroger à la règle générale de Dombasle, pourvu que l'opération de l'humectage ne dure pas trop longtemps.

Dans les terres argileuses, la saison convenable pour semer sur place est le commencement de mai, et pour les terres légères, c'est mars et avril. On met 8 décimètres de distance entre les lignes, et on laisse 5 décimètres entre les dépôts de graine dans les rangs.

Une personne fait sur la ligne des trous de 3 centimètres de profondeur, prenant ses distances avec une petite baguette de 50 centimètres de longueur ; une seconde personne met dans chaque trou 3 ou 4 graines de betteraves; une troisième recouvre la graine avec un peu de terre.

On accroîtrait le produit en faisant suivre par une quatrième personne munie d'un panier rempli de terreau de vieux fumier, de guano ou de noir animal; cette personne déposerait de petites quantités de l'une de ces matières sur l'endroit où sont les graines, après qu'elles ont été recouvertes de terre.

Lorsque les jeunes plantes ont trois ou quatre feuilles, on laisse un seul pied dans chaque trou, et l'on sarcle ensuite autant de fois qu'il est nécessaire.

Bodin donne les indications suivantes :

« Au lieu de semer à plat, après avoir donné deux ou
» trois labours et autant de hersages, nous formons de
» petits billons de deux bandes de terre adossées ; ils ont
» à peu près huit à neuf décimètres de largeur. Lorsqu'ils
» sont faits, nous dressons le sommet au moyen d'un coup
» de râteau, et ensuite nous semons comme nous venons
» de l'indiquer. Ces petits billons ont plusieurs avantages:
» 1° On donne ainsi à la plante une couche de terre meuble
» plus épaisse ; 2° On facilite les sarclages pour enlever
» les mauvaises herbes ou éclaircir les plants, parce que

» les ouvriers chargés de les exécuter trouvent facilement
» les lignes et ne sont point exposés à mettre les pieds
» sur les plantes ; 3° Enfin, le travail des sarcloirs et des
» bineurs à cheval devient bien plus facile à exécuter.

» Nous avons encore fait des sillons à la charrue ; ils
» ont été remplis de fumier consommé, puis on a refendu
» les ados pour former les nouveaux billons. »

Chaque fermier examinera dans quelle proportion il devra cultiver au moyen des pépinières et de la transplantation, et dans quelle proportion il devra semer en place.

Je ferai plus tard un examen spécial des équivalents pour la nourriture des bestiaux ; mais je juge utile de dire dès à présent que, si on a 30,000 kilogr. de betteraves sur un hectare, c'est comme une récolte de 7,500 kilogr. de foin ; si on enlève les feuilles avec prudence, on aura la représentation de 2,500 kilogr. de foin en plus ; ensemble 10,000 kilogr. Plus tard encore j'expliquerai comment on doit joindre la nourriture des racines avec celle des foins naturels et artificiels, ou de la paille et du grain, se tenant dans une sage proportion.

Comme pour toutes les racines en général, je recommande au fermier de veiller à réserver les plus belles racines comme porte-graines.

Culture des Navets.

Les navets ne sont pas d'une aussi grande ressource dans une exploitation que les pommes de terre et les betteraves ; on devra donc donner peu d'étendue à leur culture, un demi-hectare, par exemple ; mais il est à propos de se ménager plusieurs chances en cas de mauvaise réussite d'une semence. Il n'y a pas à s'occuper de faire consommer le navet dans les champs, sur place; si cela se pratique en Angleterre, ce n'est que pour la nourriture des moutons dans les grandes exploitations, et ce procédé n'est praticable en Angleterre que parce que l'hiver y est plus doux que dans les régions du Nord de la France.

Les terrains très-légers, sablonneux ou calcaires conviennent particulièrement aux navets, pourvu qu'ils soient un peu frais sans être humides.

Les terres qui ont reçu du sable calcaire ou de la chaux seront donc favorables à la production du navet.

Dans les terres nouvellement défrichées, les navets et, ajoutons de suite, les rutabagas et les choux-navets réussissent mieux que les betteraves.

On sème les navets en place en juin ou juillet comme récolte en assolement régulier; mais on peut les semer comme récolte dérobée, après une céréale, en se rappelant toutefois qu'une récolte dérobée amaigrit toujours la terre et nécessite un supplément d'engrais donné soit à cette semence soit à la semence suivante. On pourra semer à la suite des navets en récolte dérobée : des pommes de terre, des betteraves ou du sarrazin.

Dans tous les cas, il est important de semer un mélange de plusieurs qualités à la fois dans le même terrain, semant à part quelques porte-graines. En effet, de la sorte on arrive à un produit considérable et qui reste longtemps à la disposition du laboureur pour entretenir ses bestiaux, attendu que l'on commence par éclaircir la masse qui couvre le terrain des racines hâtives aussitôt qu'elles sont grosses comme une forte pomme, et l'on continue jusqu'à ce qu'il reste une quantité convenable suffisamment distancée pour occuper la terre jusqu'en mars ou avril; cette dernière quantité pousse des tiges, et l'on arrache, jour par jour, les plus fortes racines avec leurs tiges, de manière à épuiser la récolte avant que les racines soient en bois.

Les résultats ont été très-satisfaisants en mélangeant pour 24 ares :

Navets hâtifs...... 125 gr. ou............ 250 gr.
Navets du Palatinat. 125 gr. ou............ 250 gr.
Turneps. ....: .... 500 gr. ou............ 250 gr.
Rutabagas......... 250 gr. même quantité. 250 gr.
ce qui représente quatre kilogrammes par hectare (1).

Puisque nous avons posé le principe de procéder par le sarclage ou éclaircissement, on pourrait forcer un peu sur ce chiffre de 4 kilogrammes. Si l'on veut obtenir de grosses racines, il devient alors indispensable de semer en lignes, afin de nettoyer la terre plus facilement, soit avec les instruments à mains, soit avec la houe à cheval.

Lorsque l'on sème après une céréale, on répand la semence sur la terre à la volée, puis l'on remue très-légèrement à la herse ; mais, si l'on sème le navet comme fourrage faisant partie d'un assolement régulier, la terre doit être fumée, à moins qu'elle ne soit très-riche et préparée par deux ou trois labours ou cultures à l'extirpateur.

En Angleterre et en Hollande, la charrue ouvre le sol, le fumier est placé dans la raie qui est ensuite fermée, et sur laquelle le semoir à cheval dépose la graine. La racine, trouvant ainsi l'engrais à sa portée, se développe avec une vigueur extraordinaire. On éclaircit plus tard, puis on tient le sol propre et ameubli avec la houe à cheval.

A défaut du semoir à cheval, on pourra semer à la main en suivant la trace laissée après qu'on aura recouvert la raie de la charrue.

---

(1) Quelques agriculteurs prétendent que le turneps nuit à la qualité du lait. On peut donc préférer la proportion affaiblie à 250 grammes.

Choux-Navets.

Les choux-navets exigent les mêmes soins et à peu près la même préparation que les betteraves semées en pépinières et transplantées ensuite ; seulement la transplantation peut être plus tardive que celle des betteraves, mais elle doit être faite par un temps humide, car les plants du choux-navet reprennent assez difficilement par la sécheresse. On peut mettre un peu moins d'écartement entre les lignes que pour les betteraves ; les petits ados conviennent bien pour la culture qui nous occupe.

Les pépinières doivent être établies sur un terrain très-riche, bien préparé, qui, selon les présomptions, fournira peu de mauvaises herbes, et qu'il sera d'ailleurs facile de biner et de sarcler. On peut semer la pépinière en lignes distantes de 25 centimètres ; dans tous les cas, on doit laisser le plant très-clair au premier sarclage, afin qu'il puisse prendre beaucoup de force avant d'être transplanté et par suite mieux résister à la sécheresse. Il faut se résoudre à la nécessité d'arroser au moment de la transplantation, si la saison est très-sèche.

L'usage du guano et du plâtre fait prendre aux jeunes feuilles une teinte d'un vert-noir et assure un plus fort dépôt de la rosée sur les feuilles, par cette règle de physique, que la couleur noire est celle qui refroidit le plus et transforme en eau la vapeur qui est dans l'air.

Les pucerons détruisent souvent les pépinières ; il est donc utile de semer de grand matin, de temps en temps, au moment où les plantes sortent de terre, soit du plâtre gris en poudre, soit de la cendre, soit du guano mélangé avec de la terre dont les petites mottes sont bien écrasées.

Les choux-navets ne se conservent pas bien en silos, mais ils résistent bien à la gelée tandis qu'ils sont dans la terre.

Il y a, selon moi, peu d'utilité à cultiver le chou-navet, ou bien il ne faudrait lui consacrer que quelques ares; les feuilles des choux-navets sont plus nutritives que celles des betteraves.

Rutabagas.

Tout ce que je viens de dire pour la culture du chou-navet s'applique à la culture du rutabaga, mais avec la différence que cette dernière racine présente bien plus d'utilité comme plante fourragère et mérite une attention particulière.

Les terres argileuses sans excès conviennent bien au rutabaga, ainsi que les terres qui, sans être humides, sont plus que fraîches. Cette plante a l'avantage de ne pas exiger de chaud ; elle prend du volume même pendant la température de l'hiver et moyennant quelques degrés au-dessus de la glace fondante. C'est par ce motif que j'introduis le rutabaga dans le mélange des graines de navets ; ceux-ci demandant une température moyenne de 9 degrés au-dessus de la glace fondante. Le rutabaga est incontestablement plus riche en matières nutritives que le navet ; de plus, les bestiaux le mangent avec avidité.

Comme pour toutes les racines, la terre des semis doit être meuble, le fumier doit être bien incorporé à la terre ; autrement les jeunes racines qui n'atteignent que des mottes dures et une terre amaigrie ne donnent que des racines chétives et rabougries.

Le choix des graines, que j'ai recommandé d'une manière générale, devient très-important pour le rutabaga. La graine qui provient des plantes qui ont fructifié dans l'année ne donne que des individus faibles ; or cette qualité abonde dans le commerce ; le cultivateur vigilant doit donc : choisir des racines qui ont eu une végétation régulière, les transplanter en décembre dans une terre richement fumée et attendre qu'elles donnent une fructification accomplie. Le fermier pourrait consacrer de petits terrains aux porte-graines qui ne sont pas de la même espèce : ainsi les carottes de différentes couleurs et les panais ne doivent pas être ensemble ; les navets, choux-navets et rutabagas ne doivent pas être ensemble.

Un hectare de rutabaga bien soigné peut fournir cinquante mille kilogrammes de racines et trente-quatre mille kilogrammes de fanes ou tiges avec leurs feuilles. Ce produit fournit une matière appelée azote, indispensable pour maintenir les animaux en bon état, égale à celle que fournissent onze mille six cents kilogrammes de foin. En amidon, gomme et sucre, également nécessaires à la nourriture, le rutabaga fournit plus que le navet.

Choux cavaliers et Choux de Poitou.

Les choux aiment une terre substantielle et fraîche, mais ils réussissent bien dans les terrains nouvellement défrichés, et même dans les terres de médiocre qualité.

Un sol destiné à la culture des choux doit être soigneusement égoutté.

On les sème en mars ou avril, pour être transplantés en mai ou juin, afin d'obtenir une récolte de feuilles en automne ; ou bien on sème en août et septembre, et l'on transplante en mars ou avril, de manière à récolter les feuilles en été ; ou bien on fait en sorte de récolter les feuilles dans les deux saisons, en préparant des pépinières pour chacune des époques. On sème quelquefois un peu après avril pour transplanter en juillet ; mais en cette saison le repiquage ne réussit guère que dans des sols

riches et frais ; on ne devrait donc en faire que de très-
petites quantités pour cette époque.

On transplante les plants à la charrue en lignes espacées
de 70 à 80 centimètres. On sarcle et l'on bine entre les
rangs, puis on butte avec le buttoir.

Pour la plantation des choux, comme pour celle des
betteraves, on s'efforce de saisir un instant où la terre ait
été trempée par la pluie : mais, à moins qu'elle ne soit
très-mouillée, il est toujours bon d'arroser un peu au
pied de chaque plante, aussitôt après la plantation. Si l'on
est forcé de faire l'opération dans une terre sèche, l'arrosement doit se réitérer une ou deux fois dans les jours
suivants, jusqu'à ce que les plantes soient bien reprises.
Il est souvent utile, dans les endroits les moins favorables
à la reprise des plants, de répandre de la paille, ce qui
contribue à entretenir le sol frais et fertile.

Voici comment on explique d'une manière certaine que
la paille entretient le sol frais. La paille a la surface lisse
et d'une couleur approchant du blanc : or ce genre de
disposition renvoie les rayons de chaleur qui tombent sur
le terrain et les empêche d'y pénétrer. Ceci est tellement
vrai, que pour conserver la glace dans les fosses profondes
pratiquées à cet effet, on couvre la glace d'une couche de
paille et on empêche ainsi les rayons de chaleur qui
passent au-dessus de l'ouverture, de la faire fondre.

Je parle sans doute de soins minutieux ; mais si l'on
doit compter sur la bonté de Dieu pour la fructification
des biens de la terre, le cultivateur doit, de son côté,
employer tous les moyens que Dieu a mis à sa disposition
pour tirer parti de la variété des saisons et des alterna-
tions d'humidité ou de chaleur qui aident en certains
moments à faire prospérer les levées et dans d'autres
moments tendent à contrarier les récoltes.

Je complète l'explication sur l'usage de la paille, en
faisant observer que si la paille mise dans les chaussures

tient les pieds chauds en hiver, c'est parce que dans ce cas c'est la chaleur qui est dans le corps qu'il faut empêcher de sortir, comme cela arriverait si les pieds étaient exposés à l'air, quand l'air est plus froid que le corps de l'homme.

Un fait extraordinaire qui m'a été affirmé par un cultivateur très-capable et qui a une longue pratique, est le suivant : Après avoir occupé la terre par une récolte de choux, si vous mettez du blé ensuite, vous aurez de mauvais blé ; mais si vous occupez la terre deux années de suite par des choux, engraissant la terre chaque année, vous aurez, après ces deux années de choux, un bon blé.

Moutarde blanche.

La moutarde blanche peut être d'une certaine ressource pour parer à des manques de fourrages, mais Dombasle recommande de ne la donner qu'en très-petite quantité et mélangée avec d'autres plantes, à cause de son âcreté. Des essais faits à Pordic en 1871 ont donné une satisfaction passable à quelques cultivateurs.

Cette plante exige un sol meuble, un peu frais et fertile. On sème en avril, à la volée, à raison de dix litres de graîne par hectare ; on l'enlève à la herse.

On en sème aussi parmi le blé-noir.

J'engage peu à en faire usage.

Seigle.

Je ne parle pas du seigle pour fourrage : sa culture est connue et appréciée, comme aidant à fournir de la nourriture aux bestiaux lorsqu'on a de la terre disponible.

Sucrion ou Orge d'hiver.

Le sucrion doit être semé du 15 au 20 septembre, soit que l'on veuille le couper en vert, soit que l'on veuille le récolter en grains.

On sème quelquefois un sixième ou un quart d'orge d'hiver dans la vesce d'hiver : le but est d'empêcher la vesce de se coucher.

Le sucrion est toujours bon à couper en vert, une quinzaine de jours avant les trèfles ; c'est une excellente nourriture pour toute espèce de bétail. On est à même d'employer le terrain à la plantation des pommes de terre ou de toute autre récolte, après l'enlèvement du sucrion.

On sème à la volée environ 200 litres par hectare. Le terrain doit être bien préparé par plusieurs labours, bien ameubli et très-riche, enfin, bien égoutté, sans quoi des saisons très-pluvieuses détruiraient la récolte. Il y a encore à choisir un terrain qui ne soit pas trop exposé aux vents les plus froids de l'hiver. On herse immédiatement avant la semaille, si le terrain n'est pas bien uni.

On ne doit jamais placer l'orge d'hiver après une autre céréale ; mais elle réussit très-bien après du colza, des vesces fauchées en vert, ou autres récoltes, qui se font de bonne heure dans la saison.

Tout orge agissant sur la terre comme le blé ou l'avoine, on doit faire suivre l'orge d'hiver quand on le laisse venir en grains par une récolte délassante.

L'orge réussit beaucoup mieux sur un grand nombre de terrains après un labour *repris,* c'est-à-dire qui est donné trois semaines ou un mois avant la semaille, que sur un labour frais. On couvre la semence par un trait d'extirpateur, qu'on peut faire suivre encore par un hersage.

On a remarqué qu'en général une récolte d'escourgeon est égale en valeur à une récolte de froment.

Fourrages proprement dits.

Je vais m'occuper actuellement de ces plantes précieuses qui viennent en aide au cultivateur qui comprend que la fabrique des engrais, assurée par une bonne alimentation, distribuée en quantité suffisante aux bestiaux, est une source de prospérité.

Je m'occuperai de la culture des prairies naturelles,

Du trèfle ordinaire,

Du trèfle incarnat,

De la luzerne,

Du sainfoin,

Du ray-grass,

Du maïs,

Et de l'ajonc.

Je négligerai certaines cultures dont la réussite est douteuse.

Prairies naturelles.

La culture d'une prairie naturelle se compose de trois soins principaux : 1° Préparer la terre ; 2° dénoyer la terre ; 3° répandre sur la terre dénoyée les eaux des pluies qui développent la dimension des feuilles de l'herbe, et les eaux plus bienfaisantes encore qui sont chargées des terreaux qui proviennent des rebords des ruisseaux et des collines qui les avoisinent.

Les cultivateurs comprennent, au moyen de l'expérience et de la tradition paternelle, les différents modes de préparer la terre pour une prairie : mais ce que l'on appelle la culture perfectionnée et basée sur la science, fait con-

naître certains faits que Dieu a révélés aux savants à différentes époques. C'est ainsi qu'on a calculé combien il faut
de jours de chaleur pour amener telle ou telle plante à sa
maturité ; c'est ainsi qu'on a calculé combien il faut de
kilogrammes de nourriture pour former chez un animal
tant de kilogrammes de chair. Je n'entrerai pas dans ces
calculs ; mais, à l'occasion du dénoyement des prairies, je
dois signaler le résultat suivant : Si vous avez une prairie
de bonne qualité, qui soit régulièrement humectée par de
bonnes eaux de sources ou de ruisseaux, vous avez dans
votre prairie des herbes qui donnent par 1000 kilogrammes
14 kilogrammes de la matière appelée azote, qui sert à
former la viande ; si vous avez au contraire un sol inondé
ou marécageux, les espèces de plantes qui viennent dans
ce sol ne fournissent plus que 6 ou 8 kilogrammes de la
substance appelée azote. Lorsque vous avez du pain fait
avec de la farine humectée dans de bonnes proportions,
vous trouvez qu'un kilogramme de pain nourrit bien; si,
au contraire, on a fait entrer beaucoup d'eau dans ce pain
en le boulangeant, vous trouvez qu'un kilogramme ne
vous a pas procuré une nourriture suffisante. Cette com-
paraison vous fait comprendre ce que vous saviez par
expérience ou par la tradition paternelle : pourquoi une
prairie convenablement humectée fournira pour une même
étendue plus de chair à vos bestiaux.

Une terre que l'on destine à former une prairie sera
dressée avec soin, pour que l'eau ne séjourne en aucun
endroit ; une rigole principale, tirée au cordeau, suivant
une ligne droite ou selon des lignes droites qui se suivent,
sera curée avec soin pour recevoir l'égout des eaux de
pluie, l'égout des eaux de sources et enfin l'égout des
eaux d'irrigation. Je fais remarquer que plus la rigole,
par sa coupure, laissera de terrain en douce pente exposé
au soleil de 10 heures à 2 heures, plus la production et
la qualité de l'herbe seront assurées.

Il est important que les eaux s'égouttent bien, sans quoi les eaux stagnantes nourrissent du jonc, des glaïeuls et des plantes peu nutritives ; en outre, l'herbe reste gelée et rousse pendant quinze jours ou trois semaines plus tard que si l'écoulement avait été bien ménagé ; de même l'herbe gèle quinze jours ou trois semaines plus tôt, ce qui fait un retard total de six semaines dans le travail de développement des herbes.

Soit qu'il s'agisse d'une prairie nouvellement créée, soit qu'il s'agisse d'une prairie ancienne, on doit remplir les cavités produites par les pieds des bestiaux, avec un peu de terre que l'on transporte dans un sac, et jeter de la graine sur ces endroits en février.

L'eau stagnante produit encore un autre effet qui est moins connu, mais qui s'explique par la physique : c'est que cette eau, frappée par les rayons du soleil, même pendant l'été, refroidit la terre. C'est une règle en physique que l'eau qui s'évapore au soleil enlève à la terre une certaine quantité de chaleur quand elle se réduit en vapeur : ce refroidissement retarde encore le développement des herbes. On peut vérifier ce fait en mettant un peu d'eau dans le creux de la main et en l'exposant au soleil ; on sent bientôt une fraîcheur se produire en l'endroit de la main où l'eau a été déposée.

Lorsqu'on engraisse la terre pour créer une prairie, il se produit encore un effet pernicieux, si on n'empêche pas les eaux de passer à une trop faible profondeur en dessous de la surface. Ces eaux lavent l'engrais qui est confié à la terre et diminuent beaucoup l'action de cet engrais.

L'opération qui consiste à dénoyer la terre s'appelle drainage, du mot anglais *to drain*, qui veut dire dessécher. Sans traiter des procédés employés pour drainer un terrain, je ferai remarquer seulement que l'on fait des coupures dans la partie élevée du terrain ; dans ces coupures on établit de petits canaux qui entraînent l'eau qui vient toujours d'en-haut vers la rigole principale d'écoulement, en se tenant à un mètre et plus au-dessous de la surface ; lorsque le terrain de la prairie est élevé de plusieurs mètres au-dessus de la rigole, on fait deux ou trois coupures, qui communiquent entr'elles et qui sont placées à différentes hauteurs dans la pente.

Les cultivateurs soigneux pratiquent des saignées pour écouler l'eau ; mais cette méthode est imparfaite et bien moins avantageuse que le drainage. En effet, on ne prend ainsi que les eaux qui ont déjà traversé sous la terre venant d'en-haut et lavé l'engrais ; de plus, les bords de ces saignées conservent presque toujours du jonc.

Pour s'assurer si une portion de prairie est mouillée sans que l'eau paraisse à l'extérieur, on examine de près si on aperçoit de petits joncs ou des plantes qui aiment l'eau : alors, en foulant la terre avec les pieds, on entend le bruit de l'eau qui se retire, puis revient ; quelquefois même on aperçoit l'eau venir à la surface.

Lorsque l'étendue de terrain que l'on veut mettre en prairie est considérable, il faut bien travailler à la charrue, mais s'il ne s'agit que d'un demi-hectare ou même d'un hectare, le travail sera plus parfaitement exécuté avec la bêche, surtout si le dessous de la terre est de qualité inférieure. Voici comment on procède :

S'il y a de grandes inégalités dans le terrain, on le dressera avant de faire les canaux de drainage ; s'il y a peu d'inégalités, on fera d'abord les canaux de drainage et l'on bêchera ensuite.

On tâchera qu'il n'y ait qu'une seule pente aspectée vers le midi ou vers l'ouest, la rigole principale d'écoulement à ciel ouvert, dans le bas ; s'il est indispensable de partager le terrain en deux pentes, comme c'est généralement le cas dans les vallées, on fera la pente aspectée au midi ou à l'ouest la plus large possible : le produit de la prairie est plus considérable et de meilleure qualité.

J'appelle égrat dans le bêchage le creux que l'on fait en enlevant les premières bêchés de terre ; il est avantageux dans un bêchage que l'égrat soit toujours tenu profond et nettoyé des petits éboulements de terre, parce que les bêchées de terre s'enlèvent beaucoup plus facilement.

Cet égrat peut être rempli de différentes manières, soit dans le cours du bêchage ; quand on rencontre des élévations de terrain, alors on en ouvre un autre ; soit vers la fin du bêchage, en augmentant un peu la pente du terrain et en égalisant les bêchées dans l'égrat à un certain moment ; soit tout-à-fait à la fin du bêchage, parce qu'on arrive sur le bord de la rigole d'écoulement. On peut encore fermer l'égrat avec quelques charretées de terre.

Dans le détail, on aura soin de rouler avec des brouettes, soit de jeter à pellée les petites hauteurs vers les cavités, gardant toujours la bonne terre sur le dessus.

Puisque j'ai fait observer qu'il faut donner une pente au terrain, on pourrait faire un égrat tout le long en haut, et cet égrat produirait un abaissement sur le bord de la rigole.

Un point essentiel dans le bêchage, c'est que la mauvaise terre du dessous soit soulevée pour s'égoutter, pour recevoir l'effet de la gelée ou pour recevoir la chaleur du soleil qui fait périr les racines des mauvaises herbes, et que la bonne terre, après avoir été remuée par la bêche, se trouve sur le dessus de la mauvaise terre. On devra donc, si on ouvre un égrat sur toute la longueur en haut, enlever et ranger la bonne terre de côté en dessous de l'égrat qu'on va faire sur une largeur de un mètre, bêcher sur place une largeur de soixante centimètres de mauvaise terre, bêcher les quarante autres centimètres en les rejetant sur cette première bande soulevée sur place ; on déposera ensuite la bonne terre sur la mauvaise, le plus haut possible, laissant à découvert une partie de la bande de soixante centimètres.

A ce moment, on fait une bêchée de bonne terre et on la met encore sur l'espace de soixante centimètres ; on bêche ensuite la mauvaise terre du dessous, on la met sur la bande de quarante centimètres ; dès lors on a une surface de mauvaise terre suffisante pour recevoir les bêchées de bonne terre que l'on retire ; au fur et à mesure que l'on recule l'égrat, on dépose successivement la mauvaise terre dans le fond, puis la bonne dessus.

Si on ne creuse qu'un égrat de la longueur strictement nécessaire pour le nombre des bêcheurs, on suivra une méthode analogue.

Ces principes de bêchage s'appliquent à des terrains qui ont un mauvais sous-sol ; ils ne s'appliquent pas aux terrains qui sont bons jusqu'à la profondeur de plusieurs pointes de bêche ; surtout si ces terrains sont fortement engraissés depuis longtemps, ramener de la terre délassée du fond à la surface est avantageux.

La terre étant ainsi préparée, on la laissera s'égoutter et se pourrir, puis on passera le rouleau pour briser les mottes ; la herse passera ensuite à diverses reprises. A ce moment on peut mettre du sable et du fumier, puis l'enterrer par un léger coup de charrue ; au bout de quelques semaines, on passera la herse, on sèmera les graines, on couvrira avec la herse, puis on passera le rouleau.

L'effet du rouleau en dernier lieu est plus important qu'on ne le pense ; l'expérience prouve qu'il se fait alors une croûte à la surface qui se durcit de façon que l'eau coule sans trop pénétrer dans la terre, et de façon aussi à ce que le pied des bestiaux que l'on mettrait à paître l'herbe nouvelle, ne pénétrera pas dans le sol.

Si l'on veut former la prairie directement, sans semer les graines dans une céréale, on peut commencer le bêchage en mai, juin ou juillet ; si l'on veut refaire à neuf une ancienne prairie, on commencera aussitôt après que les bestiaux auront pâturé les quelques débris et les quelques herbes qui se trouvent sur le sol quand le foin vient d'être enlevé.

Les chaleurs de juillet font périr les racines des plantes aquatiques, dessèchent les mottes, et rendent leur écrasement plus facile. La température du mois d'août fait germer et lever les graines; les pluies de septembre et les rosées abondantes du matin font croître l'herbe; en novembre on peut la faire paître jusqu'à la mi-janvier.

Dans cette méthode, il ne faut pas craindre de semer les graines très-abondamment; il ne faut pas craindre non plus de faire sarcler à la main et avec les instruments légers les mauvaises plantes qui se lèvent; on sarcle un hectare beaucoup plus vite qu'on ne le suppose ordinairement.

On sait qu'il est d'une haute importance de faire précéder la mise en culture des prairies par la production des plantes sarclées, lorsqu'on a lieu de craindre que de mauvaises herbes se mêlent aux herbes bienfaisantes qui doivent composer le foin des prairies.

Il est indispensable de rouler les prairies nouvelles au mois de mars, lorsque l'herbe n'est pas trop longue et lorsque les eaux des irrigations ont cessé de tenir le sol trop mou.

Quelques personnes font pâturer les prairies nouvelles en mars par les moutons. On a remarqué que cela fait soucher les herbes.

En Flandre, après ensemencement des graines d'une prairie créée directement, on recouvre le sol d'un paillis ou fumier long, qui a absorbé quelque jus des animaux, mais qui n'est pas dénaturé par un long séjour dans les étables; les jeunes plantes, ainsi abritées par une paille que le vent n'enlève pas, se développent promptement et presque sûrement. Quand la sortie de l'herbe est assurée, on enlève ce paillis avec un râteau et on le fait repasser sous les bestiaux comme litière.

Lorsqu'on veut passer par les cultures intermédiaires, au lieu de former un pré directement, on donne à la terre de bons engrais, on lui fait produire une ou deux récoltes sarclées, et c'est dans la céréale qui suit ces plantes sarclées et fumées, que l'on sème les graines qui formeront la prairie.

Lorsqu'on a des prairies sur des terrains élevés et qui ne sont pas arrosés par de bonnes eaux, on calcule qu'on doit leur donner, en fumier, pour les entretenir, un quart de la valeur qu'elles produisent. Mais ces prairies élevées présentent l'avantage qu'on peut les faire entrer dans un assolement régulier au moyen duquel le produit du terrain, au bout d'une certaine période, est considérablement augmenté. On rompt la prairie au bout de quelques années et l'on met : pommes de terre, avoine, colza, lin, etc., puis on remet en prairie ; mais il ne faut pas épuiser la fertilité de la terre par des récoltes qui lui enlèveraient trop de substances nécessaires à la production.

Il s'agit maintenant d'une opération qui est encore d'une haute importance dans la formation de la prairie : c'est le choix des graines eu égard à la qualité et à la position du terrain, et la mise en terre de ces graines. Les graines qui conviennent pour une prairie qui sera arrosée, ne conviendront pas toutes pour une prairie qui ne recevra pas d'arrosement. Généralement, on ne doit pas arroser une prairie nouvellement formée ; toutefois, il arrive qu'ayant fait usage du rouleau on a souvent suffisamment durci le sol pour donner un demi-arrosement. On comprend que la terre encore meuble serait trop facilement détrempée par les irrigations.

J'ai indiqué les époques de la semaille pour les prairies formées directement ; lorsqu'on veut semer dans une céréale, la semaille se fait au printemps. On doit semer la céréale claire, puisqu'on suppose que la terre a été fortement graissée pour former la prairie ; sans quoi la céréale étoufferait les jeunes plantes.

La semence la plus facile à se procurer est celle qui provient des greniers. Les grands agriculteurs blâment l'emploi de cette semence ; cependant, si l'on choisit des graines provenant du foin récolté sur une terre ayant du rapport avec celle de la prairie nouvelle, on aura la chance de réussir. J'ajouterai qu'il faut avoir soin de la passer au crible et mettre un volume de graine considérable, huit ou dix sacs par hectare ; il faut encore prendre la graine chez des maîtres d'hôtel ou des voituriers qui ont l'habitude de faire usage de foin de bonne qualité. Les grands agriculteurs sont surtout préoccupés par la crainte que les graines dont je parle n'aient pas atteint leur maturité : mais on sait que dans les environs de Saint-Brieuc on coupe le foin plus tard que dans les pays de grande culture, et qu'on laisse le foin plus longtemps à sécher sur le pré.

Si l'on choisit des semences spéciales pour former une prairie, le poids nécessaire sera bien inférieur à celui que nous avons cité pour l'emploi des semences de grenier ; mais l'achat représente une valeur plus considérable, et je pense que le propriétaire doit concourir à cet achat pour un tiers ou pour moitié. Comme dans tous les ensemencements de prairies naturelles ou artificielles, il ne faut pas craindre de forcer sur les quantités de semence ; on retrouve facilement quelques pièces de cinq francs.

Je sais que plusieurs propriétaires ont fait venir des semences de chez MM. Vilmorin et Andrieux, de Paris, et en ont été satisfaits ; c'est, en effet, une très-honorable et très-ancienne maison.

Je vais citer quelques noms qui ne vous sont pas connus, mais les grainetiers en fourniront en leur faisant lire les noms, et si les essais faits sur de très-petits carrés, un are ou deux ares, réussissent, on sera à même de demander les mêmes espèces en plus grande quantité ; mais je le répète, en toutes espèces de récoltes, il faut essayer plusieurs fois et sur des espaces peu étendus. Au reste, je pourrai moi-même adresser les demandes d'après les indications qui me seront fournies sur la nature du terrain.

J'écarterai de ces notes les espèces qui n'arrivent que très-tard à leur maturité.

Bodin cite dans la composition des mélanges les ray-grass d'Italie et les ray-grass d'Angleterre, mais il explique qu'il les cite pour qu'on se les procure plus facilement chez les grainetiers ; il engage à prendre le pâturin des prés, la fétuque des prés, le dactyle pelotonné, l'agrostis traçant, la fléole des prés.

Bodin recommande encore la lupuline ou minette dorée mélangée avec le trèfle blanc et le trèfle commun.

J'avoue que le ray-grass étant de l'ivraie vivace, je suis peu porté à en recommander l'usage, excepté quand on consacre un terrain spécialement à cette culture comme prairie artificielle : mais si des récoltes de céréales doivent revenir dans un terrain, je crois qu'on retrouvera long-temps de l'ivraie dans ces récoltes. En outre, s'il se trouve des animaux âgés ou dont l'estomac soit malade, les graines sont mal digérées, restent dans les fumiers et germent dans les champs.

Je jugerais donc à propos de prendre dans le mélange indiqué par Bodin :

> Minette dorée......... 5 kilogrammes ;
> Trèfle blanc .... 5 kilogrammes ;
> Trèfle commun........ 20 kilogrammes ,

et de remplacer 15 kilogr. ray-grass d'Italie et 15 kilogr. ray-grass d'Angleterre qu'il indique, par le pâturin des prés et autres plantes que j'ai citées plus haut.

Mathieu de Dombasle donne les notes suivantes avec la quantité à semer par hectare, en supposant chaque espèce semée seule et sans mélange ; mais je trouve ses chiffres de semence faibles.

Agrostis : lieux frais, végétation tardive, semence très-fine, 5 kilogrammes par hectare. L'agrostis est l'espèce d'herbe que les laboureurs appellent communément l'herbe brune et qu'ils estiment beaucoup.

Fromental : végétation hâtive, réussit sur une grande variété de terrains ; 100 kilogrammes de semence par hectare.

Dactyle pelotonné : hâtif, convient à une grande variété de terrains ; 40 kilogrammes par hectare.

Fétuque des prés : tardive, lieux bas ; 50 kilogrammes par hectare.

Fléole des prés ou timothy des Anglais : réussit presque partout, tardive ; 20 à 25 kilogrammes par hectare.

Houque laineuse : lieux bas, époque moyenne de végétation ; 25 kilogrammes par hectare.

Ivraie vivace : ray-grass anglais, réussit presque partout, excepté dans les terrains arides, hâtive ; 40 kilogrammes par hectare.

Pour faire un mélange, on emploie le procédé suivant :

Je désire que le dactyle pelotonné couvre, je suppose, un tiers de la surface totale de la prairie d'un hectare ; je mets un tiers de ce qu'il faudrait de graine pour un hectare.

Je désire que le fromental couvre un tiers ; même calcul.

Je désire que le timothy couvre 1/6, je mets le sixième de ce qu'il faudrait pour un hectare.

Je désire que la houque laineuse couvre 1/6, je mets le sixième de ce qu'il faudrait pour un hectare ; je couvre ainsi le total de l'hectare.

En général, pour l'ensemencement d'un hectare on mettra 10 à 12 kilogrammes de légumineuses, trèfle, lupuline, etc., et 30 à 40 kilogrammes de graminées.

L'agrostis traçante arrive à sa floraison à un total de 2274 degrés de chaleur, tandis que d'autres herbes entrent en fleur après 1600 et 1900 degrés ; il semblerait que sous ce rapport il serait trop en retard pour le mêler à d'autres espèces plus primes. Cependant il figure dans plusieurs mélanges que je vais citer, parce que les prix sont écrits vis-à-vis chaque article; peut-être serait-il utile de trouver l'agrostis en arrière-saison dans les pâtures, mais il mûrirait trop tard dans certains prés.

MÉLANGE POUR UN TERRAIN HUMIDE.

A l'hectare :

10 kilogr.	Agrostis traçante	12 fr.	50
10 —	Timothy.................	15	»
6 —	Pâturin des prés..........	12	»
12 —	Houque laineuse..........	15	»
6 —	Vulpin des prés...........	12	»
3 —	Trèfle hybride............	9	»
47 kilogr........................		75 fr.	50

MÉLANGE POUR UN TERRAIN SEC.

A l'hectare :

12 kilogr.	Fétuque ovine............	18 fr.	»
6 —	Brôme doux..............	6	»
2 —	Flouve odorante..........	6	»
4 —	Avoine jaunâtre..........	6	»
5 —	Canche flemeuse..........	6	»
4 —	Cretelle des prés	12	»
2 —	Trèfle blanc..............	5	»
5 —	Agrostis commun.........	6	»
10 —	Fromental...............	15	»
50 kilogr........................		80 fr.	»

La flouve odorante est la plus précoce des herbes ; elle fleurit dans la première dizaine de mai, après 474 degrés de chaleur ; je présume qu'il y aurait avantage à la supprimer, ainsi que le vulpin des prés qui fleurit dans la troisième dizaine de mai après 825 degrés de chaleur.

Certains agriculteurs n'estiment pas la canche flemeuse.

Les graines de pré étant, en général, très-peu volumineuses, ne doivent être que peu enterrées, par un faible hersage, et il est généralement avantageux de passer un rouleau à la suite de la herse.

On fera un premier mélange des graminées et on les sèmera en une seule fois. La graine de fléole étant très-fine et très-coulante, il sera mieux de la joindre aux légumineuses, que l'on réunira dans un second mélange et sèmera aussi en une seule fois.

Il est bon de vérifier la qualité des graines de pré avant de les confier à la terre. Voici un procédé facile à employer :

On garnit le fond d'une soucoupe ou d'une écuelle de deux morceaux de drap ou de lainage ; on répand quelques graines sur le drap qui est dessus ; on couvre avec une troisième pièce de drap humectée ; puis on incline la soucoupe pour faire sortir l'excès d'eau qui est au fond de la soucoupe ; on place la soucoupe sur une cheminée, et lorsque la pièce n° 3 se dessèche, on l'humecte avec soin.

Au bout de quelques jours, la bonne graine germe, la mauvaise graine se couvre de moisissure ; si on a du doute, on écrase quelques graines entre les doigts et l'on voit si l'amande est pourrie ou est encore saine.

Un point important, c'est la récolte du foin. Des agriculteurs blâment la manière dont elle se fait en Bretagne, mais je donne raison aux cultivateurs du pays, parce que je me rends compte de la situation de leurs prairies. En effet, dans nos prairies il y a une grande multiplicité d'herbes différentes ; si l'on coupe avant la maturité de la plupart des espèces, on remarque que l'herbe est claire, et si on attend, les vides se remplissent. Pour des chevaux délicats, il est peut-être préférable d'avoir du foin délicat ; mais pour les chevaux des laboureurs, qui ne sont pas aussi difficiles, le foin sec est parfaitement consommé. Bien entendu, il ne faut pas pousser la dessiccation à l'excès.

Certains agriculteurs veulent non-seulement que l'on coupe le foin de bonne heure, ils veulent en outre qu'on le laisse peu de temps à sécher sur le pré ; mais ils sont obligés d'avouer que de nombreux inconvénients surgissent et que l'on s'expose, en ramassant le foin trop tôt, à ce qu'il s'échauffe et moisisse.

En terminant, je fais observer qu'il est très-utile d'habituer les enfants qui gardent les troupeaux à étendre, chaque jour, les excréments que les animaux laissent tomber dans la prairie : l'engrais se répand ainsi régulièrement et l'on évite qu'il soit enlevé par les personnes qui le recherchent pour faire du feu. Je recommande, lorsque le sol d'un pré est suffisamment dur, surtout si ce pré est rapproché de la maison, de profiter des intervalles de beau temps qui se présentent depuis l'enlèvement du foin jusqu'à ce qu'on laisse l'herbe repousser, lors même qu'il n'y aurait qu'une herbe un peu courte, les animaux déposent dans cette prairie les engrais liquides et solides qui seraient perdus si on faisait sortir les animaux dans les chemins qui avoisinent la ferme. La production de l'herbe et sa bonne qualité sont considérablement accrues par ces soins insignifiants en apparence.

Il faudrait éviter de conduire des bestiaux trop affamés dans une prairie où l'herbe est très-courte, parce qu'ils enlèvent les souches d'herbe ou les mangent jusqu'au collet, ce qui fait souffrir et dépérir les plantes de la prairie.

L'irrigation des prairies se fait généralement bien. Je citerai donc seulement quelques indications.

La gelée ne fait pas de tort aux prairies pendant l'hiver, tandis que l'eau y circule : mais lorsqu'on craint la gelée, on retirera l'eau de bonne heure dans la journée, parce que, une fois l'eau retirée, si la gelée vient avant que la prairie soit bien ressuyée, il se produit un effet très-nuisible à l'herbe.

Lorsqu'on voit apparaître une écume blanche sur le terrain arrosé, on peut être assuré que l'herbe a déjà éprouvé du dommage par le trop long séjour de l'eau.

Trèfle ordinaire.

Avant de traiter de la culture du trèfle ordinaire, je tiens à faire remarquer que si la luzerne donne de la graisse aux bestiaux, le trèfle leur donne de l'eau, lorsqu'il est en vert; du sang, lorsqu'il est sec. On ne doit soumettre les chevaux qu'à un travail modéré lorsqu'ils mangent le trèfle en vert, parce qu'ils n'ont pas en réalité autant de fonds qu'ils paraissent en avoir, lors même que l'on forcerait sur le grain. Lorsqu'on donne du trèfle sec, il faut joindre à la nourriture plus de son ou de farine d'orge que d'habitude, et mettre l'intervalle de quelques semaines pendant lesquelles on cesse l'usage du trèfle. On doit éviter l'usage du trèfle aux approches du battage à la mécanique, parce que cela peut donner des échauffements ou des coups de sang aux chevaux ; on doit également s'abstenir de donner le trèfle aux approches du ponnelage et après le ponnelage, parce que les juments et surtout les poulains sont sujets à des coups de sang; je suis certain que des poulinières ont été malades, et que des poulains sont morts, parce qu'on donnait du trèfle aux poulinières, malgré mes observations.

On dit : Le trèfle augmente le lait des vaches; donc, le trèfle augmente le lait des poulinières. Le raisonnement est juste jusqu'ici, mais il faut tenir compte de ce que les chevaux sont, par leurs travaux, plus exposés aux inflammations du sang que les vaches ; et ce qui serait peu nuisible aux bêtes à cornes peut être nuisible aux chevaux.

Si la nourriture en trèfle doit être donnée avec précaution, c'est surtout lorsque les vaches et les veaux mangent cet aliment en vert ; il est à craindre qu'il se produise ce qu'on appelle la météorisation ou gonflement. Les bêtes à cornes qui pâturent les trèfles dans les champs sont beaucoup plus exposées que celles qu'on nourrit au râtelier, surtout lorsque les trèfles sont très-jeunes ; cela vient, selon moi, de ce que les bêtes à cornes mangent promptement les tiges, et les jeunes feuilles se collent dans les parois intérieures de ces animaux, comme les feuilles dans un ruisseau, et finissent par obstruer le passage de l'air intérieur en se plaçant les unes sur les autres, comme les feuilles obstruent le passage de l'eau dans le ruisseau.

Dombasle recommande de donner les fourrages verts en petite quantité à la fois et dans des râteliers ; il ajoute qu'il faut faire en sorte que les bestiaux ne soient jamais trop pressés par la faim, car l'avidité avec laquelle ils mangent est une des causes les plus fréquentes de la météorisation. Or, le trèfle nourrissant peu, les bestiaux en prennent beaucoup à la fois.

Quand on commence à donner le vert au râtelier, tant pour empêcher les bestiaux d'être trop relâchés que pour les empêcher de manger précipitamment, on mélange au fourrage sec un quart, puis moitié, puis trois quarts de vert. Si l'on mène les bêtes à cornes au pâturage du trèfle, il est bon de leur donner un peu d'une autre nourriture avant le départ, et une fois dans les champs, on aura soin de les empêcher d'avancer trop vite sur la ligne de pâture.

Lorsqu'on apporte le fourrage vert à l'arrivée des champs, on ne doit pas trop l'entasser dans le même endroit.

Le même agriculteur regarde comme certain que, si les fourrages coupés occasionnent la météorisation, c'est quand ils ont été coupés très-secs et par un temps chaud ; il préfère qu'ils soient coupés le matin, à la rosée ; selon lui, les fourrages mouillés sont moins dangereux que les fourrages coupés très-secs.

Sous un autre point de vue, je fais observer qu'il est nuisible à la luzerne de la couper le matin, à moins que ce ne soit de très-grand matin, parce que les chaleurs du milieu du jour font souffrir les souches récemment coupées ; je préfère la coupe dans la soirée, après que le plus fort de la chaleur est passé, lorsque le serein du soir commence à humecter les plantes.

Grâce aux précautions ci-dessus et aux remèdes qui vont être indiqués, quand le mal s'est produit, Dombasle n'a jamais perdu une seule bête à cornes par météorisation, bien que pendant trente ans il ait constamment nourri, pendant tout l'été, ses animaux avec des luzernes et des trèfles verts.

Lorsqu'une vache ou un bœuf est enflé, ils deviennent tristes ; on doit aussitôt les faire sortir de l'étable et les faire marcher pendant quelques instants : cela suffit quelquefois à les faire désenfler.

Si le gonflement persiste, voici les différents remèdes :

1° L'alcali : on en donne une cuillerée à bouche dans un verre d'eau ; on recommence au bout de dix minutes, si l'enflure n'a pas disparu. C'est un remède qui ne coûte pas cher : un franc le litre chez les marchands en gros ;

2° Le salpêtre : 30 grammes réduits en poudre dans un verre d'eau ou d'eau-de-vie ;

3° Quelques pincées de poudre de chasse : cette poudre contient beaucoup de salpêtre ;

4° Lorsqu'on n'a pas d'autre remède sous la main, j'ai expérimenté moi-même, plusieurs fois, qu'on peut arriver au résultat désiré comme il suit : On cherche une grenouille ; une personne tient la bouche de la vache ouverte, une autre tient, de la main gauche, une écuelle remplie d'eau, et de la main droite la grenouille ; cette personne verse promptement l'eau dans la gorge de la vache et y lance aussitôt la grenouille : la grenouille se débat dans le fond de la gorge, et avec ses pattes débrouille les feuilles qui obstruent la circulation de l'air ;

5° Si le gonflement est extrême, si les autres remèdes ont été impuissants, si l'animal est près de périr, on perce le flanc gauche avec un couteau pointu, ou bien un tranchet de cordonnier, ou bien enfin avec un instrument fait exprès appelé trocart : après avoir fait l'ouverture, on y introduit un petit tuyau de bois, pour que les bords de la plaie n'empêchent pas la sortie du gaz ;

6° Une saignée est quelquefois très-utile, quand la suffocation paraît imminente.

Etant prémunis contre les dangers de la nourriture au trèfle, je pourrais parler brièvement sur la culture de cette plante ; mais comme ces notes peuvent intéresser les jeunes laboureurs qui n'ont pas encore complétement acquis la pratique qui est très-connue de leurs parents, je m'étendrai un peu longuement.

Le trèfle aime une terre substantielle, fraîche et un peu argileuse ; cependant il réussit dans presque tous les terrains, même dans les terrains légers, surtout si l'on répand de la chaux ou du plâtre sur ces terrains. Dans notre pays, le sable calcaire agit au bout d'un certain temps comme la chaux, mais l'action du plâtre jointe à celle de la cendre est puissante en mars. Un hectolitre de plâtre par demi-hectare est suffisant. Le plâtre crû en poudre est le meilleur.

Si entre deux coupes de trèfle on répand des engrais pulvérulents ou liquides, le résultat de la culture sera de beaucoup amélioré. Ce serait, probablement, un moyen d'avoir des graines plus belles, mieux nourries, moins retreintes.

La place la plus convenable pour le trèfle est de le semer dans la céréale qui suit immédiatement les plantes sarclées ; le trèfle ne doit revenir que tous les 4 ou 5 ans dans les terres argileuses et riches, et tous les 6 ans dans les terres légères ; des terres qui auraient du trèfle pendant 20 ans tous les 4 ans seraient fatiguées.

On sème quelquefois avec les céréales de printemps.

On peut encore, mais plus rarement, semer le trèfle dans du seigle ou de l'orge destinés à être coupés en vert ; on coupe la céréale deux fois, si la première coupe a été faite de bonne heure, on a ensuite ordinairement une belle coupe de trèfle à l'automne. Ce procédé est **avantageux** quand on prévoit qu'on sera à court de fourrages.

Si le trèfle est semé dans la deuxième céréale, dans un assolement triennal, la réussite est moins assurée, et le sol reste généralement infecté de mauvaises herbes quand le trèfle a disparu : l'inconvénient est moins grave dans les terres ordinairement bien nettoyées. Dans les **terres argileuses**, la terre doit être bien pulvérisée pour assurer la levée d'une graine aussi fine.

Si on sème le trèfle dans le sarrazin, et si la saison est très-pluvieuse, le sarrazin se couche quelquefois et risque à faire périr la plante de la prairie artificielle, si l'on ne se hâte de le faucher. Je donnerais, quand c'est possible, la préférence à la semence dans l'orge.

La bonne graine de trèfle doit être jaune, mêlée de violet, bien pleine et bien luisante ; la vieille graine a une couleur plus terne que la nouvelle ; ici, comme pour toutes les semences, je recommande de bien choisir ses graines, de soigner particulièrement une ou deux portions de terrain sur lesquelles on espère avoir des graines de meilleure qualité, qui seront réservées pour la semence ; mais, si l'on n'a pas de belle et bonne graine sur son terrain, il ne faut pas craindre d'en acheter avec des voisins qui ont mieux réussi. Certains marchands recommandent la graine de Flandre et de Hollande ; mais un grand marchand m'a avoué que généralement la graine de Bretagne est très-belle, quoiqu'un peu inférieure à celle du Poitou.

Il est rare que la graine de trèfle conserve sa faculté germinative après deux ans.

J'ai recommandé bien des fois, verbalement, de semer les plantes fourragères épaisses; Bodin le recommande également ; mais Dombasle signale les précautions à prendre quand on sème dans une céréale qui a une grande valeur commerciale comme le blé, pour qu'on ne nuise pas à la production parfaite du blé.

Lorsqu'une terre est en bon état et si l'année est humide, le trèfle semé dans une céréale de printemps prend souvent trop d'accroissement et s'élève beaucoup avant la moisson; par suite : 1° la récolte du grain est de beaucoup diminuée ; 2° la dessiccation du grain et de la paille est longue et difficile ; dans semblable circonstance, dit Dombasle, on ne doit semer le trèfle qu'un certain temps après que la céréale de mars est levée ; et on ne doit semer dans le froment ou le seigle d'automne qu'un peu tard dans la saison, lorsque la céréale commence à couvrir le terrain.

La céréale dans laquelle on sème du trèfle doit être semée un peu claire, si le sol est riche, car si la céréale vient à verser, le trèfle est presque toujours perdu.

La graine de trèfle doit être peu recouverte.

Lorsqu'on sème dans une céréale d'hiver, on donne d'abord un fort trait de herse à dents de fer pour ameublir la surface du sol; on répand ensuite la graine de trèfle, et on la recouvre avec une herse plus légère à dents de bois.

Les premières semailles peuvent se faire de février en mai dans les céréales d'hiver.

Lorsqu'on sème dans du froment de printemps fait en février ou mars, il faut attendre la même époque pour semer le trèfle, et laisser lever le froment qui sera alors assez enraciné pour ne pas être détruit par le hersage. On recouvre alors avec un léger trait de herse à dents de bois ou avec des épines disposées en forme de herse ; souvent une forte pluie suffit pour l'enterrer.

Dans les terres argileuses, il est bon de ne semer les trèfles que fin d'avril.

Dans le sarrazin, on sème de mai en juin.

Lorsque les premières semailles de trèfle ont manqué, on peut en faire de nouvelles en juillet et août.

On sème à raison de 25 à 50 kilogrammes de graine par hectare ; le semeur doit toujours semer en une allée et une venue sur la même place, en répandant la moitié de la graine à chaque fois ; par ce moyen, la semaille est bien plus égale.

Lorsque le trèfle commence à pousser, un coup de herse lui fait beaucoup de bien, en lui donnant un léger binage et en détruisant une partie des mauvaises herbes. On peut, à la suite du coup de herse, procéder à l'épierrement du terrain ; cette dernière opération permettra aux faucheurs de raser la terre de plus près.

Dans les fermes où le trèfle forme la base de la nourriture des animaux, on commence à le couper aussitôt que la faux peut l'atteindre, de manière à ce que la seconde coupe se trouve à repousser pendant que la première finit de se consommer.

M. Malagutti établit par l'analyse chimique qu'il est avantageux de couper avant la fleur le trèfle que l'on veut faire consommer en vert, comme il est avantageux de couper, quand il est en fleur, le trèfle qui est destiné à être desséché pour faire du foin.

Avant la fleur il y a moins d'eau, plus de matières grasses et plus de matières azotées.

Lorsqu'on a des coupes tardives, il est avantageux de mêler des couches de paille avec des couches de trèfle, alternativement.

Si, dans une année de sécheresse, on s'aperçoit que les feuilles du bas de la tige sont jaunes et commencent à tomber, on se hâtera de faucher, sans quoi les plantes repoussent du pied au lieu de croître en hauteur, et l'on n'obtient plus qu'un fourrage mêlé de tiges dures et de pousses trop tendres; il s'ensuit encore beaucoup de perte sur la coupe suivante.

La dessiccation du foin de trèfle demande des soins particuliers, à raison de ce que les feuilles de cette plante étant d'une forme presque ronde, le râteau ne peut les recueillir lorsqu'elles sont séparées des tiges; cependant les feuilles sont la partie la plus savoureuse et la plus nourrissante de la plante. Le meilleur procédé pour maintenir les feuilles attachées aux tiges consiste à laisser le trèfle en andains un jour ou deux au plus; on le met alors en petits tas de 50 à 60 centimètres de diamètre sur autant de hauteur. Si le temps est beau, on ne touche pas à ces tas pendant deux ou trois jours; s'ils ont été aplatis par une forte pluie, on se contente de les retourner en les desserrant le plus que l'on peut, de façon à ce que l'air les pénètre bien. Aussitôt que ces tas sont à moitié secs, on les transporte un à un, entre les bras, pour former des tas côniques très-pointus, d'environ 2 mètres de hauteur; on presse un peu sur les tiges au fur et à mesure que l'on construit ces tas, et on dispose le fourrage avec beaucoup d'uniformité; le fourrage achève de s'y dessécher complétement, sans qu'il soit besoin d'y toucher jusqu'au moment du chargement, et les plus fortes averses ne les endommagent pas.

Dès que le trèfle approche de la dessiccation, on ne doit jamais le toucher que le soir et le matin, et jamais à la chaleur du jour, parce qu'alors il se brise trop facilement, et l'on perd beaucoup de feuilles. Le procédé indiqué ci-dessus coûte peu de main-d'œuvre et fournit un fourrage d'une excellente qualité, à moins que le temps ne soit excessivement pluvieux.

Si la dessiccation des premiers petits tas était très-avancée, il vaudrait mieux les mettre de suite en tas plus considérables que les seconds tas pointus de 2 mètres de hauteur.

On réunirait alors dans chacun de ces gros tas, deux à trois cents kilogrammes de foin sec; on élève ces tas un peu haut, en y faisant monter un ouvrier pour disposer le fourrage avec régularité et lui donner la forme d'un pain de sucre élevé. Ces tas sont à l'abri du mauvais temps lorsqu'ils ont été faits avec soin, et la dessiccation du foin s'y achève fort bien.

Nous arrivons aux soins à donner à la récolte de la graine. Nous avons à nous occuper en premier lieu de la graine que l'on veut recueillir pour sa semence, et en second lieu de la graine que l'on veut recueillir pour la livrer au commerce.

Quant à la graine pour la semence, il est préférable de la laisser dans son enveloppe; on est bien plus assuré qu'elle lèvera bien, que quand on la sépare de cette enveloppe : mais il faut absolument retirer la graine de son enveloppe pour la livrer au commerce. Dans l'un et l'autre cas, c'est une valeur considérable à recueillir.

Il est arrivé très-souvent que le trèfle atteint trop tard sa maturité, parce que la saison a été pluvieuse, et parce que les temps des grandes chaleurs sont passés, ou bien parce qu'on a voulu laisser pâturer seulement la première coupe par les bestiaux, au lieu de l'abattre rapidement avec la faux et de la donner en nourriture verte ou sèche à l'étable et à l'écurie.

La première condition pour obtenir un produit lucratif, c'est donc de hâter l'enlèvement de la première coupe; la seconde condition, c'est de ne pas craindre d'employer beaucoup de bras pour exécuter rapidement la seconde coupe, qui porte la graine, pour la sécher et la mettre à l'abri aussitôt qu'elle est parée. Il est vrai que dans certaines années on ne sera pas récompensé de toutes ces dépenses, mais le plus souvent de bonnes années effaceront les mauvaises.

Lorsque le temps est beau, on laisse le trèfle fauché se sécher en andains en les retournant une fois; mais si le temps est pluvieux, il est bon de lier le trèfle en petites bottes que l'on dresse pour les faire sécher. Lorsque la graine est mûre, on s'occupe de la battre au fléau ou avec la mécanique à battre le blé; on rentre à l'abri les fleurs séchées qui contiennent la graine conservée pour la semence.

Examinons les moyens à employer pour hâter la mise à l'abri des graines.

Dans certains cantons de la Flandre, il est d'usage de cueillir les têtes à la main, de les mettre dans des sacs, et de les transporter dans les granges. On peut alors profiter de belles journées pour finir de les sécher et compléter leur maturité; il n'y a pas loin pour les transporter sur l'aire pour le battage.

En d'autres endroits, on rentre les têtes avec les tiges, on sépare ensuite les têtes des tiges, et l'on retire plus tard la graine, lorsqu'on en a le loisir.

Lorsque les graines ont été exposées à un soleil brûlant, en couches très-minces, pendant plusieurs heures, la décortication ou séparation de l'enveloppe se fait très-vite.

Nous ne citerons la mise des graines au four que pour avertir les acheteurs de se défier de ces graines qui très-souvent ont perdu leur faculté germinative : on les reconnaît facilement dans le commerce à leur nuance terne et tirant un peu sur le brun.

Il est d'usage dans notre pays d'apporter directement des champs la tige avec les têtes sur l'aire au moment de la battre. Si plusieurs champs étaient voisins les uns des autres, il y aurait peut-être avantage à pratiquer une très-petite aire sur l'un d'eux et à y monter la mécanique.

Un dernier moyen de sauver la graine, c'est de ne pas craindre de s'installer à expédier le battage aussitôt qu'il y a un peu de graine de parée et que des intervalles de beau temps, même assez courts, se présentent.

Employer ces différents moyens, même la cueillette de la fleur à la main pour une portion du terrain, procurera certainement un bénéfice pour la quantité et surtout pour la qualité.

Trèfle incarnat ou prime.

L'avantage que présente le trèfle incarnat, c'est de pouvoir le donner en fourrage au moment où l'hiver a forcé de consommer presque tout l'approvisionnement ; en outre, il est encore temps de le semer quand on a pu reconnaître que le trèfle ordinaire n'a pas bien réussi.

Le trèfle incarnat pousse peu à la graisse, mais il pousse plus à la viande que le trèfle ordinaire.

Les sols légers, sablonneux et graveleux mélangés d'un peu d'argile lui conviennent mieux que les sols composés d'argile pure ; il est important que le sol soit perméable, peu humide dans l'automne et dans l'hiver.

Si la céréale qui précède le trèfle incarnat est très-propre et si la surface du sol n'est pas trop dure, un hersage suffit pour l'ameublir, et on recouvre la graine avec une herse en épines ; mais dans les terres argileuses, il est nécessaire de donner un léger labour à la charrue avant de semer. Dans ce dernier cas, comme dans celui où l'on a voulu donner à la terre une préparation très-soignée, il est indispensable de comprimer fortement la terre avec un rouleau, soit avant, soit après la semaille ; quelquefois même le travail du rouleau est nécessaire avant et après la semaille.

On emploie 15 kilogrammes de graine par demi-hectare, si la graine a été retirée de son enveloppe ; il en faut 30 kilogrammes par demi-hectare, si l'on sème de la graine qui est dans son enveloppe. Cette dernière graine lève mieux que la première ; voici pourquoi : les semailles doivent se faire quand il a plu ou quand il va pleuvoir, mais s'il survient un vent sec et chaud, la graine dépouillée se fend, s'ouvre et perd sa faculté germinative ; la graine enveloppée est protégée contre ce danger.

Les agriculteurs disent de semer après une céréale, parce qu'ils supposent que la céréale a été précédée de plantes sarclées, et que ces plantes sarclées ont reçu une forte fumure, ou au moins la moitié de la fumure de la céréale ; par suite, le trèfle incarnat se trouve rapproché de la fumure, c'est de la sorte qu'il donne le plus grand produit. On assurera l'abondance du produit en répandant sur la plante levée de l'engrais pulvérulent : noir animal ou guano.

On recommande de semer fin d'août, et de ne pas dépasser la première quinzaine de septembre, afin que la plante ait pris de la vigueur quand viendront les premières gelées, et aussi afin que les temps humides ne soient pas encore rendus ; parce que si la levée se fait par semblable temps, les limaces ou loches mangent les jeunes plantes en très-peu de temps.

Pour le trèfle incarnat, comme pour beaucoup d'autres levées, je recommande de semer, de grand matin, une fois ou deux fois du plâtre gris cuit, pour combattre les limaces.

On pourrait encore prendre de la chaux de bonne qualité, l'éteindre avec peu d'eau pour la faire se fendre en petits morceaux, puis au commencement de la nuit, s'il y a lune, ou un peu avant le lever du soleil, en semer à la volée dans les endroits les plus infestés, puis recommencer la même opération au bout d'un quart d'heure.

La première distribution couvre les limaces d'une écume blanche, mais elles s'en débarrassent en se frottant contre les aspérités du sol ; la seconde distribution les trouve déjà attaquées par la chaux et complète leur destruction. Ceci est minutieux, mais il ne faut pas craindre sa peine, et le moyen que Dieu accorde son aide, c'est de s'aider soi-même.

Le trèfle incarnat ne fatigue pas beaucoup la terre pour les autres récoltes, mais on recommande de ne pas le faire revenir plus souvent que tous les dix ans dans la même pièce de terre, parce qu'il n'y réussirait pas bien.

D'après l'analyse du trèfle incarnat par Malagutti, je vois que cette plante enlève une quantité notable des substances qui sont contenues dans la cendre ordinaire ; j'en conclus qu'il faut répandre beaucoup de cendre sur une pièce de terre qui a rapporté du trèfle incarnat.

On peut, après la récolte du trèfle incarnat, semer du blé noir, obtenir un produit en pommes de terre, en betteraves, en haricots. Lorsqu'on plante des betteraves, on doit donner deux labours : pour les pommes de terre, on fume le terrain aussitôt après la récolte, et on plante sur un labour ; on obtient presque toujours de très-beaux produits.

La Luzerne.

J'arrive à une culture à laquelle j'attache une grande importance : 1° parce qu'elle fournit de la graisse à tous les bestiaux, même aux porcs ; 2° parce qu'elle donne du fourrage en abondance ; 3° parce qu'elle le donne de bonne heure ; 4° parce qu'elle le fournit pendant la saison des sécheresses ; 5° parce que, lorsque les herbes pâlissent par la sécheresse, la luzerne, qui aime les grandes chaleurs, prospère et se nourrit suffisamment par les rosées abondantes de la nuit. D'ailleurs, la luzerne ayant envoyé ses racines profondément dans la terre, la sécheresse ne fait pas sentir ses effets jusqu'à la couche de terre dans laquelle les racines ont pénétré.

J'ai eu soin de signaler jusqu'ici les qualités de terre qui conviennent aux diverses plantes, et les époques les plus favorables à la semaille, mais c'est pour la luzerne qu'il faut redoubler d'attention.

La luzerne craint les gelées ; de plus, elle veut un terrain riche et profond, pour que ses racines puissent pénétrer très-avant dans la terre. Si la terre est argileuse ou si des couches argileuses s'y rencontrent en dessous du sol, la luzerne ne durera que quatre ou cinq ans, mais on sera bien récompensé de ses travaux pendant cet intervalle ; si la terre est riche et profonde, si la luzerne reçoit les soins que j'indiquerai plus loin, elle durera 10, 15, 20 ans.

Puisque la luzerne veut de la chaleur et craint les gelées, on doit choisir une pièce de terre ou des pièces de terre qui soient exposées au soleil de midi ou de deux heures et dont le sol soit facilement traversé par les racines, quand même elles devraient passer à travers des cailloutages. Ce terrain ne doit pas être éloigné de l'habitation, puisqu'on ne coupe que la ration d'un jour ou de deux jours à la fois.

Il est à peu près indispensable de faire précéder la semaille de la luzerne par deux récoltes ou au moins une récolte de plantes sarclées sur un labour très-profond. Afin que de mauvaises herbes ne viennent pas se lever parmi la luzerne, je recommande de s'occuper constamment, après la semaille, du nettoyage des mauvaises herbes ; en s'en occupant souvent, on passera très-peu de temps à chaque fois. Il faut mettre une fumure considérable à la terre qui va recevoir la luzerne ; la plante aura ses feuilles plus vertes et recevra par là une plus grande abondance de rosée et donnera des coupes plus précoces.

Bodin indique de semer en mars, avril ou mai, dans une céréale. Mais, pour moi, je considère que la céréale souffre de la présence de la luzerne et donne des grains restreints, et je considère surtout qu'il n'y a pas possibilité d'opérer le nettoyage des mauvaises herbes.

Dans notre pays, je préfère semer la luzerne seule et la semer tard, vers fin mai ou vers la mi-juin. Par ce moyen, j'ai pu détruire toutes les mauvaises herbes qui ont poussé activement par les chaleurs de mai et de juin, avant de faire la semaille de la luzerne; et, d'un autre côté, cette plante se développe rapidement sous le soleil de juillet et d'août; en semant ainsi, j'ai toujours eu une forte coupe et une petite coupe dans l'année même de la semaille, ce qui compensait largement la dépense occasionnée par l'emploi d'une grande quantité de graine.

On sème à la volée ou bien on sème en lignes espacées de 30 centimètres. Par ce dernier procédé, la luzerne croît rapidement et fournit deux à trois coupes dès l'année de la semaille; de plus, on donne facilement des binages qui favorisent la végétation de la plante, en maintenant le sol meuble et en détruisant les mauvaises herbes.

Si, malgré toutes les précautions prises pour purger la terre de mauvaises herbes, il en sort en abondance, au lieu de désespérer du succès, on coupera la luzerne et les mauvaises herbes de très-bonne heure pour donner aux bestiaux; ces mauvaises herbes n'arrivant pas à graine ne pourront se reproduire, dépériront pendant les chaleurs, et la luzerne prendra le dessus.

Malugutti cite, pour fonder la luzernière, un procédé qui est intéressant; il prétend que le sol peu profond produira des récoltes extraordinaires par ce procédé; il explique que la racine de la luzerne est pivotante, mais si l'on prend des plants de luzerne dans une pépinière, en retranchant l'extrémité des racines, ces racines, au lieu de pivoter, se ramifient lorsqu'on les repique dans le champ en suivant des lignes convenablement distancées.

On doit semer du plâtre gris cuit sur la luzerne lorsqu'elle s'élève de terre, pour détruire les limaces.

Lorsqu'on achète de la graine de luzerne, on doit veiller à ce qu'il n'y ait pas des semences étrangères qui s'y trouvent mêlées; si on reconnaît, après l'achat, la présence de ces graines étrangères, il faut les enlever avec soin, surtout la graine de cuscute, car plus tard il faudrait combattre la plante provenant de cette graine.

La cuscute, vulgairement appelée teigne, a les tiges rougeâtres, fines comme du crin, elle s'enroule autour des genêts, des ajoncs, des trèfles, de la luzerne et vit en enfonçant ses suçoirs dans leurs tiges.

Malagutti indique pour la détruire de faire usage du feu. Réunissez, dit-il, de la paille sur les points les plus infestés, dans les premiers jours d'avril, puis mettez-y le feu. La luzerne brûlée repoussera; il n'en sera pas de même de la cuscute.

Dombasle indique deux moyens : 1° On coupe très-près de terre, à l'aide de la faux, toutes les plantes, dans l'espace occupé par la cuscute, et même un peu au-delà, de peur d'en laisser quelques rameaux, qui n'auraient pas été aperçus, et qui ne tarderaient pas à se propager de nouveau. Aussitôt que la luzerne a repoussé de 6 à 8 centimètres, on la coupe de nouveau, on tient ainsi le sol très-ras pendant toute la saison. Comme la cuscute est une plante annuelle, il n'en reparaîtra aucune trace l'année suivante, si on l'a empêchée ainsi de se reproduire par ses semences.

2° On atteint le même but en faisant pâturer par des moutons, pendant toute une saison, une prairie artificielle infestée de cuscute; mais il n'y a nécessité de recourir à ce moyen que lorsque cette plante y est très-nombreuse.

Il est un point très-important dans la création d'une

luzernière : c'est de déterminer la quantité de graine que l'on doit semer pour un hectare.

Si l'on sème dans une céréale, il ne faudrait pas mettre beaucoup plus de 30 kilogrammes de graine par hectare, de crainte de gêner la céréale ; mais si le procédé auquel je donne la préférence, semer sans accompagnement de la céréale, est employé, on n'a pas à redouter d'employer trop de graine, et je regarde comme très-convenable de mettre 42 à 46 kilogrammes par hectare ; avec cette quantité, la luzerne couvre bien la terre et les mauvaises herbes se trouvent étouffées. Un autre avantage, c'est celui-ci : Si quelques plants de luzerne ont péri dans l'hiver, il se conserve des graines, qui germent et sortent au printemps suivant, pour combler les vides.

Il s'agit de donner des soins à la luzerne sortie de terre. Après avoir mis le plâtre, on attendra que la luzerne ait atteint 7 à 8 centimètres et on arrosera avec très-peu de guano délayé dans beaucoup d'eau, pour donner de la force à la plante.

Au bout d'un an, si la plante est bien enracinée, on lui donnera un vigoureux coup de herse chaque année, au mois de mars ; de plus, on aura soin d'aller prendre à la grève du sable non coquillier, à raison de six charretées par journal, dans le mois d'août ; ce sable sera déposé près de la luzernière et, au même mois de mars, on le remettra sur la charrette, et on le répandra sur la luzernière, mélangé ou non mélangé avec du terreau.

Je ne recommande pas le sable coquillier dans ce cas-ci, parce que le sable marneux ordinaire, qui fait échauder et brûler les autres récoltes, produit un bon effet sur la luzerne, précisément parce qu'il donne beaucoup de chaleur : or j'ai dit que la luzerne est une plante qui aime la grande chaleur et qui végète lorsque la surface du sol est trop desséchée pour permettre aux autres fourrages de végéter.

Au printemps, les terreaux, les cendres, les fumiers bien consommés, les plâtres en poudre cuits ou non cuits, répandus au moment où l'on va herser, produisent un très-bon effet.

' Lorsqu'on veut faire du foin, on attend que la luzerne soit en pleine fleur.

Beaucoup d'agriculteurs recommandent de ne pas laisser les bestiaux pâturer la luzerne, et c'est mon opinion ; d'autres permettent de le faire pour le regain après la dernière coupe, si le sol n'est pas humide et si les pieds des bestiaux n'y produisent pas des cavités.

Pour terminer, je vais citer une expérience faite, en 1845, sur 27,000 chevaux ; après cette expérience, on reconnut que les fourrages des prairies artificielles peuvent à eux seuls nourrir le cheval ; ce qu'on ne peut faire avec le foin des prairies naturelles ; on reconnut, en outre, que le cheval mis à cet ordinaire engraisse et prend force, que le sainfoin l'emporte à cet égard sur la luzerne, et la luzerne sur le trèfle.

Sainfoin.

Après avoir étudié la culture des plantes fourragères que j'ai passées en revue, il semblerait superflu d'étudier d'autres plantes pour le même usage ; mais je mentionne le sainfoin, parce que c'est un fourrage très-avantageux, et surtout parce qu'il produit beaucoup, tout en améliorant la terre, pourvu que la terre soit naturellement calcaire, ou bien qu'on fournisse du calcaire à la terre. Le sol doit être profond et frais, sans être humide, mais il n'y a pas besoin que ce soit une terre riche ; des terres graveleuses de médiocre qualité suffisent, et c'est là un des motifs qui me déterminent à le signaler, puisqu'il y a des terres dans les conditions indiquées, qui sont situées à petites distances des marchands de chaux et de plâtre.

Pour tirer tout le parti possible de la plante qui nous occupe, il ne faudrait pas la semer dans le blé, pour en recueillir le foin la seconde année puis mettre en labour ensuite ; on doit la laisser vivre jusqu'à ce que les mauvaises herbes ne viennent la faire disparaître ; la terre s'améliore considérablement sous cette récolte, et plus elle vivra d'années, plus la terre sera améliorée.

La seule attention spéciale que l'on doive apporter dans la culture du sainfoin, c'est de ne pas le semer à moins de deux mètres des arbres, sans quoi les racines du sainfoin vont se nourrir parmi les racines des arbres et les font dépérir.

Comme la graine de sainfoin est plus grosse que celle de la luzerne, on doit l'enterrer à la herse.

Le sainfoin se sème au printemps, sur une céréale ou dans le sarrazin ; mais si le sarrazin vient à se coucher, par les pluies ou les orages, on est obligé de le couper, sans quoi le sainfoin serait étouffé. On met six hectolitres par hectare.

Malagutti indique que l'on peut semer le sainfoin seul sur une terre labourée en automne dans cette même saison, ou dans une céréale.

Il ne faut pas compter sur deux coupes dans notre pays ; d'ailleurs, le sainfoin à deux coupes étant rare, cette espèce est souvent mélangée de graine ordinaire dans le commerce. Du reste, même avec une seule coupe, Dombasle dit que c'est la manière la plus profitable d'employer sa terre ; il est plus avantageux de l'employer en foin sec que de faire consommer en vert.

La graine de la dernière récolte est seule propre à germer.

Souvent la graine qui est dans le commerce est récoltée avant maturité, parce qu'elle s'égrène facilement. C'est encore le cas de récolter soi-même sa semence, une fois qu'une terre est prise en sainfoin.

On doit mettre 100 kilogrammes de plâtre crû pulvérisé par demi-hectare.

Il convient de faucher le sainfoin quand il commence à être en fleur, il sèche facilement.

M. de Gasparin a bien fumé un hectare de bonne terre, il en a retiré 25,000 kilogr. de fourrage pendant l'espace de cinq ans.

Ray-Grass.

Je ne parlerai pas du ray-grass; je préfère les autres fourrages; je crains d'ailleurs que les graines de cette plante ne passent dans les excréments des animaux malades ou vieux et de là dans les fumiers, puis dans les champs ensemencés de céréales. Le ray-grass n'aurait une grande utilité que pour le cultivateur qui élèverait beaucoup de moutons; alors on le fait pâturer en vert, avant qu'il arrive à graine. Bodin avertit que, si le ray-grass doit être suivi d'une céréale, il faut bien se garder de laisser mûrir la dernière coupe. Malagutti signale que le ray-grass enlève en grande quantité à la terre certaines substances appelées alcalis et que, par suite, les céréales réussissent mal après le ray-grass, même en mettant beaucoup de fumier; ces substances, appelées alcalis, servent pour beaucoup à la formation des épis et de la paille.

Maïs-Fourrage.

Ce maïs atteint une grande hauteur, il rend souvent quarante mille kilogrammes de feuilles au demi-hectare, et jusqu'à 55,000 kilogrammes ; il donne de la force aux animaux et ceux-ci le mangent avec plaisir quand il a été haché par le hache-paille; il contient beaucoup des mêmes substances que fournit la cendre de bois ; le fumier qui en provient est donc très-profitable à la terre. On peut semer sur une terre bien ameublie vers mi-mai. Il est important de semer du plâtre gris contre les limaces, puis du guano comme pour toutes les plantes qui vivent en partie par leurs feuilles.

La graine du maïs-géant, qui affecte la forme d'une dent, ne mûrit pas dans notre pays; il faut donc chaque année acheter la graine chez les marchands. Il n'y a que la graine du petit maïs quarantain qui atteigne sa maturité; il est loin de rendre le même service que le maïs-géant; il faut, sans hésiter, faire usage du maïs-géant, sauf à acheter chaque année de la graine.

La semaille se fait au semoir à brouette ou à la main; les lignes sont espacées de 75 centimètres, et l'on dépose deux grains à la fois de 60 en 60 centimètres sur la ligne. Si l'on a tracé les lignes avec le rayonneur ou avec la marre, on recouvre avec un râteau.

Je fais remarquer qu'il existe un rayonneur à main, dont l'usage est préférable au rayonneur à cheval, et dont le prix n'est que de cinq à six francs ; un enfant de seize ans peut le traîner; on met quelquefois une petite surcharge pour augmenter le poids du rayonneur. Il se compose d'une barre de fer carrée longue de 1 mètre 20, et de 3 centimètres carrés; au milieu se trouve une dent fine de 10 centimètres de longueur et 6 centimètres de largeur ; de chaque côté on fait courir une dent semblable qui glisse sur la barre de fer au moyen d'un collet; une vis de pression les tient fixes à la distance voulue de chaque côté de la dent fine; un manche de 1 mètre 20 est placé dans une douille et sert à diriger l'instrument.

Lorsqu'on fait usage du ~~rayonneur~~ à cheval, on est
Sémoir

dispensé du travail du rayonneur et du râteau-couvreur qui est fait par cet instrument; mais cet instrument coûte cent francs.

Les lignes doivent être tracées peu profondément, parce que la graine de maïs pourrit facilement; six à huit centimètres suffisent.

Les coups de vent et la pluie abattent quelquefois cette récolte, mais elle se relève aisément au premier sec qui succède à la pluie.

On pourrait ensemencer un huitième d'hectare en maïs.

L'Ajonc.

La culture de cette plante est très-connue; c'est une ressource, mais ce n'est pas une plante que l'on doive cultiver sur une grande étendue. 10 kilogrammes de foin nourrissent autant que 30 kilogrammes d'ajoncs; la plus forte récolte que l'on cite était de 34,400 kilogrammes pour un hectare, soit l'équivalent de 11,500 kilogrammes de foin de prairie naturelle pour un hectare.

Escourgeon, Sucrion ou Orge d'hiver, pour être coupé en vert.

L'escourgeon doit être semé du 15 au 20 septembre. On peut le couper en vert quinze jours avant le trèfle. On sème environ 200 litres par hectare. Le sol doit être bien préparé par plusieurs labours; il doit être riche et dans un grand état d'ameublissement.

L'escourgeon réussit infiniment mieux sur un labour donné trois semaines ou un mois avant la semaille, que sur un labour frais ; on herse avant la semaille, on donne un coup de forte herse après la semaille et on peut faire suivre encore d'un léger hersage.

On ne doit jamais placer l'orge d'hiver après une céréale, pas plus que l'orge ordinaire, quand même on donnerait un labour d'automne et deux de printemps.

L'orge aimant une terre légère, il faut ameublir beaucoup une terre argileuse pour en retirer un bon produit.

Les terres tenaces et froides ou acides ne conviennent nullement pour l'orge.

La semaille doit se faire par temps sec ; si la pluie vient à former une croûte, on donne un coup de herse.

On peut conserver une partie du sucrion à donner du grain ; son produit est considérable.

Il faut veiller de près à la maturité de l'orge, parce que, si elle dépasse ce point, la paille se brise à la naissance de l'épi.

Le Sarrazin.

On cultive quelquefois le sarrazin pour le couper en fleur, mais il vaut mieux le cultiver pour sa graine, bien que Dombasle l'indique comme un bon fourrage. Il y a exception pour les moutons ; on ne doit pas leur donner la paille de sarrazin comme nourriture, ni même comme litière, attendu qu'elle cause à ces animaux une maladie qui se manifeste par une enflure subite de toutes les parties de la tête.

Bodin n'apprécie pas autant ce genre de fourrage, il le regarde comme assez mauvais.

Dombasle recommande de ne pas mettre plus d'un hectolitre de semence par hectare, lorsque la récolte doit être fauchée en vert, et pas beaucoup plus de vingt-cinq litres par hectare quand on doit récolter les graines.

La semence doit être enterrée très-peu profondément.

Le sarrazin lève très-bien par la sécheresse, mais il lui faut de la pluie lorsqu'il prend sa troisième feuille. Après cette époque, une température douce et de la chaleur entremêlées de petites pluies lui sont tout-à-fait favorables. Après la floraison, un temps sec est avantageux pour permettre au grain de mûrir.

Bodin recommande de ne pas faire piétiner par les animaux les terres que l'on doit ensemencer en blé-noir.

Pour compléter la série des cultures pratiquées dans le pays, il resterait à parler des haricots et des fèves, mais on ne les cultive qu'en petite quantité, sans doute parce que le résultat n'est pas lucratif. Je donnerai quelques notes sur le chanvre ; je m'étendrai davantage sur la production du lin.

Chanvre.

Le chanvre exige une excellente terre, fortement engraissée et bien ameublie par plusieurs labours ; les derniers doivent être très-profonds. Les terrains frais lui conviennent ; il réussit moins bien dans les terres élevées et sèches.

Les fumiers chauds sont les plus convenables.

Dombasle engage à enterrer, par le dernier labour, la moitié du fumier qu'on destine au chanvre, et à répandre l'autre moitié sur la surface aussitôt après le hersage qui couvre la semence. Il est important de choisir, pour la semaille, un instant où la terre vient d'être trempée par une forte pluie. Dans certains pays on sème le premier vendredi de mai, on l'appelle le *vendredi brinou*, jour où l'on ne trouve ni charrue ni houe, parce que tous les cultivateurs s'en servent pour la mise du chanvre.

On doit éloigner avec soin les oiseaux pendant les jours qui suivent la levée du chanvre.

Je recommande de semer de la graine de chanvre d'Angers ; dans ce pays on a semé des graines de Russie qui ont fourni des tiges de 3 à 4 mètres.

On sème à raison de trois hectolitres de graine par hectare, si on ne tient pas à la finesse de la filasse ; si on tient à la finesse, on sème plus épais.

Je fais remarquer qu'en réalité le chanvre mâle est celui qui fleurit sans produire de graine. Les femelles sont celles qui portent la graine. Si on veut avoir de belle graine, on répand, à la volée, quelques graines de chanvre sur des terrains qui viennent d'être plantés de pommes de terre ou de maïs, et on éclaircit encore si les tiges sont trop rapprochées.

Par ce procédé, on peut couper ou arracher ensemble le chanvre mâle et le chanvre femelle avant la formation des semences dans les terrains cultivés pour la filasse, et la main-d'œuvre est beaucoup diminuée.

En certains pays, on arrache brin à brin le mâle, aussitôt après que la floraison est passée, et on laisse la femelle sur pied jusqu'à la maturité des graines. Le triage est très-coûteux, et les tiges femelles, épuisées par la production de la graine, donnent une filasse de moins bonne qualité.

Dans une ferme à moitié, les frais des travaux qui suivent le rouissage devraient être supportés par moitié ; il serait avantageux de ramasser les tiges sous des hangars et de travailler, pendant les soirées d'hiver, à préparer la filasse, moyennant estimation de la rétribution qui serait due par le propriétaire.

Dans certaines contrées, il y a des ouvriers qui entreprennent cette préparation à un prix déterminé.

Lin.

Tous les cultivateurs connaissent une grande partie des procédés à suivre pour obtenir de belles récoltes de lin, et pour préparer la tige et la graine après la récolte ; cependant, il faut que l'on n'ait pas des données assez certaines, sans quoi on se livrerait à la culture du lin avec moins d'appréhension de ne pas réussir, et, par suite, on s'y livrerait sur une plus grande étendue.

Le lin peut être employé pour aider à confectionner la lingerie et les vêtements de la ferme, mais aussi à fournir un produit susceptible d'être vendu, soit après le rouissage, soit après la transformation des tiges en filasse. C'est un moyen de donner de l'occupation le soir et par les temps de pluie, sans y consacrer trop de fatigue.

La graine rapporte encore une certaine valeur, et, si on suit de bons procédés, on retire une semence qui dispense de faire emploi aussi fréquent de la graine de Russie ; mais, sous ce dernier rapport, il y a peu de profit, parce qu'il y a trop de frais et trop de terrain employé à la production spéciale de la graine susceptible d'être semée avec confiance.

Bien qu'on ne puisse prétendre à éviter d'acheter de la graine de Riga, il est important de donner des soins à la bonne qualité de la graine, attendu que les marchands qui l'achètent pour fabriquer l'huile de lin paieront toujours plus cher une graine bien nourrie et bien mûre.

Cette culture est encore lucrative en ce qu'elle peut précéder, avec avantage, la préparation des prairies naturelles ; je dis précéder, parce que je n'approuve pas qu'on mélange avec le lin les graines des prairies naturelles ; j'expliquerai pourquoi.

On peut encore retirer une récolte abondante de carottes en confiant les graines de cette plante à la terre en même temps que celle du lin.

Le lin doit être cultivé exclusivement dans des sols très-riches et très-meubles ; il ne réussit pas dans les sols granitiques ou calcaires ; il réussit dans des terrains sablonneux des Flandres ; il réussit également dans les terres dont le sous-sol retient un peu l'humidité, mais ne retient pas assez cette humidité pour que l'eau soit stagnante sur la terre.

Examinons actuellement quelle préparation le laboureur doit donner à la terre. Je vais citer certains systèmes, non pas pour encourager à les employer tous, mais pour qu'on puisse en retirer profit, en évitant ce qu'ils ont d'exagéré dans notre pays.

Le but principal qu'on se propose, c'est que les tiges aient la même longueur et la même grosseur, et en même temps la plus grande longueur possible sans branches.

Les Flamands bêchent trois ans à l'avance la terre qu'ils destinent à recevoir du lin ; le labour de la première année est toujours profond, les deux autres sont moins profonds ; la première et la seconde année on occupe la terre par les cultures qui dans l'assolement précèdent le lin. Les mottes sont brisées avec le plus grand soin.

On pourrait appliquer au lin directement des engrais en poudre avec chance de réussir, mais le plus sûr est de semer dans des terres qui ont reçu de fortes fumures les années précédentes. Voici le motif qu'on en donne. Le lin est muni d'une racine pivotante, et n'a point de petites racines à s'étendre sur les côtés ; il ne pompe donc les sucs nourriciers que par l'extrémité de cette racine pivotante ; il faut donc que le sol soit également et abondamment fumé dans toutes ses parties, pour que là où la graine tombera et formera son pivot, elle trouve une nourriture suffisante.

Si l'on fume directement, on n'atteint pas ce but, car alors l'engrais n'est pas également répandu ; certaines tiges pivotant là où il y a des quantités d'engrais accumulées, prennent le dessus ; ayant trop d'air, elles jettent des branches latérales lorsqu'elles sont encore fort basses et étouffent les tiges nées sur des points où l'engrais est plus faible.

On doit donner deux ou trois labours préparatoires, ou un bon labour et deux ou trois cultures à l'extirpateur ; après le dernier labour donné en mars, ou le dernier travail à l'extirpateur, on herse plusieurs fois, et ensuite on sème, puis on enterre à la herse.

Par exception à la règle générale, qui recommande d'engraisser la terre à l'avance, le lin réussit très-bien sur un pré rompu et sur un seul labour, pourvu que le sol ne soit pas trop aride par sa nature ni trop humide. Le lin cultivé ainsi donne presque toujours un produit très-abondant en filasse et en graine. On doit, dans cette circonstance, donner un labour très-soigné, soit immédiatement avant la semaille, si la terre est douce et légère, soit en automne ou en hiver dans les sols argileux. On égalise et on ameublit parfaitement la surface du terrain par un ou plusieurs hersages, selon l'exigence des cas ; on sème aussitôt que le sol est bien ressuyé, et on couvre d'un léger trait de herse qu'il est fort utile de faire suivre d'un coup de rouleau, si la terre est bien sèche.

Cette exception est attribuée à ce que les gazons de la prairie ont, depuis longtemps, laissé les couches inférieures s'enrichir de sucs nourriciers.

Le lin réussit bien encore sur un trèfle rompu et sur un seul labour, pourvu toutefois que le sol soit propre et très-riche.

Quant à la place que le lin doit occuper dans les assolements, cela dépend des cultures en usage dans le pays ;

mais l'intervalle entre deux semences de lin doit être de six ans au moins.

En Belgique on calcule 6 à 8 ans, mais une remarque assez intéressante, c'est la suivante : on s'est aperçu que si une plante revient deux fois dans l'intervalle de six ans ou de huit ans entre les deux lins, ce dernier ne prospèrera pas.

En Hollande, où l'assolement est de sept ans, le colza occupe la terre la première année, avec forte fumure ; la seconde année est pour le froment; le lin vient à la troisième, il trouve encore assez d'engrais, tellement que si on le mettait après le colza il verserait.

Selon Bodin, la culture du lin formerait, dans un assolement, une mauvaise préparation pour les céréales. Dans notre pays on met au contraire le lin à la place du blé-noir et l'on met du blé à la suite. Malagutti donne un renseignement qui explique, jusqu'à un certain point, l'usage en question. Il cite qu'un hectare de terre contenant 394 kilogrammes d'azote en retient encore 341 après une abondante récolte de lin. Il n'en est pas moins vrai que les plantes sarclées sont une meilleure préparation aux céréales, et que, pour rentrer dans l'opinion de M. Bodin, on pourrait mettre plante sarclée fumée ou à mi-fumure,(1) puis le froment et lin ; on se rapprocherait ainsi de l'assolement flamand, qui est colza fortement fumé, froment et lin ; on ferait suivre par du trèfle suivi d'une autre récolte. Les étendues de terrain mises en lin n'étant jamais considérables, il n'est pas très-embarrassant de trouver une semence convenable pour faire suite dans l'assolement.

Quels engrais doit-on préférer pour le lin? Les Flamands ont les engrais des bestiaux, les engrais en poudre, les cendres, le guano, les tourteaux provenant de la fabrication de l'huile ; ils emploient aussi les vidanges. Je parle en ce moment des engrais qui sont donnés en supplément de la fumure des années précédentes : les quantités

(1) Il est bien entendu que si l'on donne mi-fumure à la plante sarclée, on complétera la fumure entière en mettant une demi-fumure au froment.

dépendent de l'état de la terre et de la force de chaque espèce d'engrais ; nous ne pouvons atteindre ces degrés de fumure, mais on peut avoir des résultats satisfaisants sans faire autant de dépenses.

Aux sols légers et secs on met 33 barriques par demi-hectare de vidanges à l'état liquide ; aux sols légers et humides, on met 15 à 20 hectolitres de cendre par demi-hectare. Je dis de la cendre et non de la charrée, car la charrée a laissé échapper les alcalis qui donnent l'engrais. Aux terres fortes, on réserve le guano, le fumier de cheval et les tourteaux.

1,500 kilogrammes de tourteaux desséchés et délayés pendant huit jours dans du purin d'étable, produisent un résultat admirable dans les terres sèches ; la même quantité de tourteaux réduits en poussière produira de grands effets dans les terres humides.

En Angleterre, on fabrique l'engrais irlandais qui a donné des résultats très-avantageux. Je donne sa composition, parce qu'il est facile de le composer soi-même, en achetant les substances chez les marchands de produits chimiques.

On met par demi-hectare environ 150 kilogrammes.

Engrais irlandais pour le lin supposant 300 demi-kilogrammes ou 150 kilogrammes par demi-hectare :

	kilo.		kilo.	gr.	Prix.
Os pulvérisés.........	27	ou guano	40	50	15f 39
Chlorure de potassium.	14	—	21	»	7 35
Sel marin..,.........,	14	—	21	»	3 35
Plâtre...............	17	—	25	50	3 82
Sulfate de magnésie...	28	—	42	»	6 30
	100	—	150	»	36f 21

Cette composition est précisément basée sur la connaissance acquise par les chimistes des substances que le lin doit prendre à la terre pour arriver à son complet développement.

En remplaçant 40 kilogr. 50 gr. de guano par autant de kilogrammes de noir animal, on réduira beaucoup la dépense totale.

Les fumiers de cheval sont ceux qu'il convient d'employer quand on ne se sert pas de ceux que j'ai indiqués, mais on doit les confier à la terre dans le moment du labour d'automne, et non dans le second labour de février, pour que le fumier ait le temps de se dissoudre un peu et de se mélanger à la terre.

Quelle sera l'époque la plus favorable pour les semailles? Le lin d'hiver à la filasse grossière, mais qui n'exige pas un terrain choisi, se sème en automne ; le lin de printemps, qu'on doit exclusivement préférer, se sème en mars ou avril.

La graine semée en mars ou avril forme son pivot, l'enfonce dans la terre, la tige croit un peu, puis, lorsque la chaleur et la rosée viennent agir sur la tige, celle-ci se développe en bonne proportion avec le pivot et s'assimile des substances convenablement élaborées.

Le pivot du lin semé en automne absorbe presque toute l'alimentation ; la tige ne trouvant qu'un air froid et privé de rosée, ne s'assimile que les substances les plus grossières. Le lin semé tardivement en mai, n'a pas eu le temps de former son pivot quand les chaleurs et les rosées viennent agir sur la tige ; par suite, le pivot n'envoie qu'une nourriture insuffisante à la partie qui est en dehors de la terre ; la tige s'étiole et ne prend pas de consistance.

Quelle semence doit-on préférer ? Les graines les plus renommées dans tous les pays d'Europe sont : la graine de Riga en Livonie, la graine de Liebau en Courlande, territoires de la Russie, et la graine de Zélande, territoire de la Hollande ; or, celle-ci est provenue de semence de Riga ; donc, c'est la semence de Riga qui est la première graine de l'Europe.

Toutefois, les agriculteurs ont reconnu que la graine de

Riga convient mieux dans les terres légères, et la graine de Zélande convient mieux dans les terres fortes.

Dans les territoires de la Russie, que l'on cultive pour produire de la graine, on sème clair (75 litres environ par hectare) et on choisit une terre très-substantielle; enfin, on laisse le lin arriver à parfaite maturité; les tiges sont dures et d'une valeur peu importante; on se retire sur le prix de la graine.

En Hollande, on sème de la graine de Riga, on réserve sur la levée les tiges les plus propres à fournir de belles graines, et on ne les récolte que lorsqu'elles sont parvenues à parfaite maturité. Cette graine ne sort pas du pays, elle est semée l'année suivante et fournit les plus beaux lins de la Hollande; la graine produite par ces lins, quoique déjà dégénérée, est vendue, à l'extérieur, sous le nom de graine de Zélande. Ainsi, graine de Riga fournissant une récolte dont la graine est semée dans le pays de Hollande, ladite graine fournissant une récolte subséquente, cette récolte subséquente fournissant une graine vendue à l'extérieur; après quoi, le Hollandais achète de nouveau de la graine nouvelle à Riga.

En Belgique, on sème tous les ans de la graine de Riga, mais on ne récolte pas de graine pour semer, on récolte de la graine pour fabriquer de l'huile de graine de lin.

En Vendée, certains cultivateurs, en choisissant des terres riches et en n'arrachant les plants destinés à fournir la semence qu'après leur complète maturité, sont arrivés à obtenir de très-belles graines de semence pendant dix années consécutives, avec de la semence de Riga confiée à la terre une première année. Ce sont des terres argileuses, fortes, dans lesquelles on a obtenu un résultat analogue à celui qui a été obtenu pour les graines de chanvre venues de Russie à Angers. Mais je pense que les cultivateurs de Vendée doivent, de temps à autre, échanger leurs graines entr'eux pour opérer le changement de terrain recommandé pour les plantes en général.

Dombasle mettait pour avoir de la graine moitié de ce que l'on met pour avoir de la filasse ; il récoltait deux à trois fois autant de graine qu'il en avait semé.

En Hollande, nous l'avons vu, on ne réussit avec la graine de Riga que pendant deux ans, parce que les terres sont moins riches.

Pour être assuré d'acheter de la graine de la véritable provenance demandée, il faut s'adresser à des marchands de confiance connus pour en faire venir directement ; pour l'essayer, on peut acheter un peu de bonne heure ou en demander quelques graines à un ami, les semer dans un pot de fleur ; quinze jours après on sait si la graine lèvera bien ; elle lèvera bien si sur 20 graines la moitié a levé.

Le sarclage du lin est une opération très-importante : il s'opère quand la plante a atteint une hauteur de 6 à 8 centimètres ; il est à désirer que l'on soit à genoux et pieds nus pour ne pas offenser les jeunes plants, et l'on s'avance contre le vent afin que la plante se relève plus facilement. Dans la Flandre, on exécute le sarclage trois ou quatre fois à huit jours d'intervalle.

Bodin indique le moment où les feuilles du lin jaunissent comme étant l'époque convenable pour arracher le lin destiné à faire de la filasse.

En Belgique, on arrache le lin destiné à être mis en filasse au moment où, les capsules étant fendues en deux avec un couteau, elles sont encore juteuses.

En Zélande, on arrache le lin destiné à être mis en filasse au moment où les capsules fendues avec un couteau ne sont plus juteuses, bien qu'encore vertes à l'extérieur.

Le lin belge vaut mieux que le lin de Zélande pour la filasse, mais la graine de Zélande est meilleure pour semence que celle de Belgique.

Le lin étant arraché par poignée, on lie plusieurs poignées ensemble et on plante ces paquets debout en écartant le pied des tiges; étant disposé de la sorte, la graine souffre moins; et s'il pleut, il ne se produit pas un commencement de rouissage comme celui qui se produit lorsque les tiges touchent la terre, ce qui jette de l'inégalité plus tard dans le rouissage général.

Au bout de huit ou dix jours les graines sont sèches, il s'agit de les séparer; pour cela, le mieux est de faire usage d'un morceau de bois un peu pesant avec lequel on bat la tête de chaque paquet; chaque paquet est, à cet effet, posé sur un billot; de la sorte, les capsules sont généralement bien ouvertes.

Quand on se sert du peigne, un grand nombre de capsules restent entières; il faut ensuite beaucoup de travail pour les séparer des graines. On pourrait faire usage du battoir tout d'abord, puis passer dans le peigne pour arracher les graines les plus difficiles à détacher.

Nous arrivons à l'opération du rouissage.

Comme l'explique fort bien Dombasle, les fibres qui forment la filasse sont contenues dans l'écorce de la plante; elles y sont agglutinées par une matière gommeuse et résineuse, dont il faut la débarrasser pour que la filasse acquière la souplesse nécessaire aux usages auxquels on la destine. Cette opération s'opère au moyen de la rosée, de l'eau courante et de l'eau stagnante; mais nous indiquerons avec détail le rouissage à l'eau tiède, dans l'espoir qu'un jour plusieurs voisins pourront se réunir et le mettre en pratique.

Le rouissage à la rosée est complétement rejeté en Belgique, pour les lins de qualité supérieure. On reconnaît que le lin est roui quand les fibres de l'écorce se détachent aisément de la partie ligneuse. L'inconvénient de ce mode de rouissage, c'est qu'il faut que la rosée soit accompagnée de quelques pluies; il faut, avec de petites baguettes, retourner les lins au moins deux fois pendant l'opération, et le retourner encore si les herbes du pré viennent à croître et à se mêler parmi les tiges du lin ; à chaque fois, les couches doivent être bien égales et très-minces. Si le temps est très-sec, il est impossible d'avoir de belle filasse par ce procédé.

Je ne parlerai pas du rouissage à l'eau stagnante, qui est une mauvaise méthode et un faute de mieux.

J'arrive au rouissage le plus avantageux : c'est celui de confier le lin à une eau presque stagnante, mais qui reçoive un faible courant qui la renouvelle lentement ; ce faible courant entraîne les eaux déjà chargées de gomme et qui ne pourraient plus en enlever beaucoup à la plante.

Il y a dans le nord de la France un procédé à l'eau courante désigné sous le nom de rouissage au *grand tour;* il s'applique aux lins de première qualité et se pratique comme il suit : le lin récolté est mis en grange et l'on ne le bat que vers la fin de l'hiver ; en juin ou juillet de l'année suivante on le fait rouir, on le sèche, puis on le remet en grange jusqu'à la fin de mars ou au commencement d'avril de la seconde année, époque à laquelle on le blanchit sur le pré.

Les meilleurs lins d'Europe, ceux de Courtray, sont rouis à l'eau courante dans la rivière appelée la Lys ; cette rivière a des dispositions et des qualités toutes spéciales. Le lin arraché, on dispose les bottes sur une double rangée, s'appuyant par leurs sommets ; au bout de dix à douze jours il est sec ; on détache les capsules au moyen du battoir ; puis on le porte à la rivière et on le submerge verticalement, c'est-à-dire debout dans les eaux de la Lys ; il y reste environ sept jours, si c'est dans le mois d'août, et douze jours, si c'est en octobre. Enfin, les bottes sont égouttées, déliées et mises à sécher sur un gazon ras.

On le voit, nous suivons la même marche dans notre pays, avec la différence qu'on ne met pas les paquets de lin à sécher pendant dix à douze jours pour en faire mûrir et sécher la graine, avant de les submerger, et cette autre différence qu'ici on couche le lin au lieu de le placer verticalement dans la rivière. On renferme le lin dans des claies pour empêcher le courant de l'emporter.

Quelques personnes commencent le rouissage à la rosée et le finissent à l'eau courante; mais je ne vois pas un avantage notable, si ce n'est de commencer un peu le rouissage en attendant qu'un rouitoire qui est occupé soit disponible.

Le procédé le plus récemment inventé, c'est de rouir le lin avec de la vapeur et de l'eau tiède dans de grandes cuves. On fait écouler peu à peu la trop grande quantité de cette eau, ce qui assimile ce traitement à celui que le lin reçoit dans un réservoir à eau froide ayant un trop-plein et un petit courant pour renouveler l'eau.

M. Schenek a un atelier qui renferme un certain nombre de grandes cuves en bois disposées sur deux rangées parallèles, au centre des tubes amenant la vapeur dans les cuves au moyen de robinets. Ces cuves ont 3 mètres de diamètre et 1 mètre 33 de hauteur.

Chaque cuve a un second fond percé de trous, placé au-dessus du vrai fond; dans ce double-fond circule un tuyau en serpentin disposé horizontalement et aussi percé de trous.

On dispose le lin perpendiculairement sur le double-fond et on le maintient en place par une claire-voie appliquée dessus, puis on fait arriver de l'eau de façon à ce qu'il soit complétement couvert. C'est à ce moment qu'on introduit la vapeur par le serpentin, et quand la vapeur a élevé la température de l'eau à 32 degrés, on ferme le robinet. La fermentation commence bientôt et développe une telle chaleur qu'elle maintient l'eau à la même température de 32 degrés pendant soixante heures, presque seule, c'est-à-dire avec un peu d'aide fournie par la vapeur.

Si l'eau est séléniteuse, c'est-à-dire si elle contient du sulfate de chaux ou de la chaux, on va jusqu'à 90 heures.

Une odeur aromatique se fait d'abord sentir ; mais quand l'opération s'avance, il se manifeste une forte odeur d'œufs pourris par le dégagement du gaz hydrogène sulfuré.

On s'assure que l'opération est terminée, en détachant l'écorce de quelques tiges dans toute leur longueur.

Le lin étant roui, on le retire des cuves, après avoir fait écouler l'eau ; on le met à sécher en bottes d'une forte poignée, d'abord à l'air, puis dans des séchoirs clos ou l'on maintient une chaleur convenable. Ce procédé est extrêmement répandu en Irlande.

Certains industriels font passer le lin entre quatre paires de rouleaux en bois, pour en extraire l'eau avant de sécher à l'air et à l'étuve.

Certains industriels encore laissent les graines à la tige du lin et les passent dans l'eau chaude ; on retire les graines après le rouissage et on les donne à manger aux bestiaux.

Dans mon opinion, il doit y avoir un trop-plein pour écouler l'eau peu à peu et se rapprocher ainsi du rouissage à l'eau froide dans une eau un peu stagnante qui reçoit un faible courant, et laisse écouler une partie de l'eau chargée de gomme. Le procédé de M. Terwagne, de Lille, présente ces dispositions.

L'agriculteur qui a livré à M. Terwagne 1,000 kilogr. de lin vert, reçoit son lin égrené, roui et teillé, moyennant 40 à 50 francs. Je cite ces chiffres pour faire voir que le haut prix de ce procédé ne permet de l'appliquer que quand on a de grandes quantités à préparer et une machine à fournir la vapeur travaillant toujours ou presque toujours.

Pour rendre plus facile l'intelligence de cette longue explication, on peut se représenter une grande cuve à faire la lessive; dans cette cuve, on place un second ou double-fond à 20 centimètres au-dessus du premier ou vrai fond; on place le lin sur ce second fond; sur le lin on met une claire-voie pour l'empêcher de flotter.

On envoie de l'eau de manière à couvrir le lin; l'eau se rend jusqu'au vrai fond à travers les trous percés dans le double-fond, puis s'élève.

Supposons alors qu'une machine à vapeur à battre le blé, ou une poêle à lessive fermée et placée sur un fourneau, soit chauffée; on enverra par un tuyau de la vapeur sous le double-fond sur lequel repose le lin et entretiendra la chaleur voulue jusqu'à parfait rouissage. On a un instrument appelé thermomètre pour veiller à ce que la chaleur de 32 degrés ne soit pas dépassée et soit maintenue. La chaleur de 32 degrés se rapproche de la chaleur intérieure du corps humain qui est 37 degrés; je dis ceci pour que l'on comprenne bien qu'il s'agit d'eau plus que tiède, mais pas à beaucoup près d'eau bouillante; je le dis encore pour que l'on reconnaisse que quand l'eau est tiédie par un temps d'orage dans un rouitoire ordinaire, le rouissage s'opère rapidement; par suite, il faut une grande vigilance.

Le lin est retiré et égoutté, séché à l'air, puis fini de sécher dans un four extrêmement peu chaud, sur des gaules en fer ou en bois.

En toute nouvelle invention il ne faut l'adopter qu'après long et minutieux examen; bien que nous n'ayons pas à adopter celle-ci d'ici longtemps, on doit reconnaître les avantages suivants :

1° Le rouissage ne dure que 72 heures environ;

2° Le rouissage est très-régulier pour toutes les tiges et sur toute leur longueur;

3° La filasse est plus souple, plus soyeuse, de qualité supérieure; enfin, on ajoute qu'on retire une quantité plus considérable de bonne filasse;

4° Certains acheteurs demandent un lin qui est fortement roui, facile à travailler ; d'autres demandent un lin moins roui, comme on dit vulgairement, qui tire sur les bras plutôt que de sauter au nez ; or, il est facile de se tenir dans la limite demandée.

La conclusion de ce qui précède, c'est que si un industriel installait un rouissage à l'eau tiède à de bonnes conditions, il y aurait avantage à s'adresser à lui, au point de vue de la qualité des produits ; sous ce rapport, j'ai cru qu'il était intéressant de vous tenir au courant des progrès réels quand il s'en produit, sans que pour cela on soit obligé de les suivre aveuglément.

J'ai dit que je préfère que l'on ne mette pas les graines de prairies naturelles dans le lin, voici pourquoi :

En premier lieu, parce qu'il vient dans le lin beaucoup de mauvaises herbes qui gêneraient la levée des graines de prairies ; en second lieu, il est extrêmement utile, pour établir une prairie naturelle, que la terre soit bien nettoyée de mauvaises herbes, labourée, ràclée et hersée plusieurs fois, dans la saison des chaleurs, pour que la destruction des herbes soit plus certaine ; or, le lin étant semé en mars-avril, on ne pourra réaliser ce dessein, en confiant les graines de prairies naturelles à la terre parmi les graines du lin ; on sera bien à l'aise, au contraire, pour le faire après la récolte du lin effectuée.

Semant les graines de prairies fin d'août, la chaleur est forte, les graines se réchauffent dans la terre, en septembre viennent les rosées abondantes, l'herbe a une grande vigueur pour l'hiver ; j'ai même réussi à faire pâturer à la fin de l'année, l'herbe des graines semées en août.

Mathieu Dombasle indique que le trèfle et la luzerne réussissent très-bien dans le lin ; dans mon opinion, il faudrait avoir, pour cela, des terres aussi bien nettoyées que celles que dirigeait Mathieu Dombasle ; autrement, on n'aura qu'un résultat médiocre.

ENGRAIS & AMENDEMENTS.

Tout ce qui est relatif aux engrais et aux amendements présente de l'intérêt. Sans nul doute, les cultivateurs connaissent la plus grande partie de ce qui concerne ces questions d'une bien grande importance ; mais je crois utile de réunir les observations qui pourront concourir à augmenter la quantité du fumier en même temps que sa qualité.

On appelle engrais les substances qui, comme le nom le dit, introduisent de la graisse dans la terre ; on appelle amendement les substances qui améliorent plus particulièrement la qualité du sol pour le rendre plus productif, et qui lui ajoutent certains agents utiles dans la formation des plantes et de leurs graines.

Il y a des engrais liquides et des engrais solides.

Les engrais liquides proviennent des évacuations liquides des animaux, des jus qui s'écoulent des tas de fumier, et aussi des matières solides que l'on mélange dans l'eau.

Les engrais solides sont :

Le fumier des chevaux,

Le fumier des vaches,

Le fumier des moutons,

Le fumier des porcs,

Le fumier des volailles,

Le guano,

Le noir animal,

La flèche,

Les déjections humaines desséchées,

Les chairs des animaux cuites dans des fourneaux,

La cendre, les décombres des maisons, les terres des chemins, le terreau.

L'enfouissage de la dernière coupe de trèfle, pour le froment d'hiver, est un engrais ; cette opération ne doit pas se faire par un temps humide.

On enfouit d'autres plantes en vert, mais ce n'est pas admis dans notre pays.

Les herbes qui ne sont pas données en nourriture aux bestiaux peuvent être avantageusement mises à fermenter dans des réservoirs où l'on envoie du purin et les matières du ménage. On a soin d'employer les herbes avant qu'elles soient en fleur et surtout avant qu'elles soient en graine. Ces herbes, ayant pris de la graisse de la terre et des substances fertilisantes à l'atmosphère, elles rendront plus fertile la terre où on les placera comme engrais.

Les terres des douves et des étangs sont très-fertilisantes ; mais au lieu de les laisser à sécher pendant des mois, on peut y mêler un peu de chaux vive, au bout de quinze jours. Le propriétaire supportera moitié de l'achat de la chaux.

Les amendements sont :

La chaux,

Le plâtre,

Le sable vaseux, qui agit en même temps comme engrais,

Le sable coquiller,

Le phospho-guano,

Certains sels.

L'argile est un amendement, quand on en met 40 ou 50 charretées pour donner de la consistance à une terre sablonneuse ou légère.

Dans le fumier, il faut considérer la qualité de la paille qui reçoit les déjections, mais il faut surtout considérer la richesse des déjections qui sont absorbées par les pailles.

La paille de pois est la plus riche, sous le rapport de l'azote ; viennent ensuite les pailles de froment, de sarrasin, d'avoine, d'orge et de seigle. La paille de sarrasin est aussi riche que celle de froment, à très-peu près ; la paille de seigle ne représente qu'un tiers de la richesse de la paille de froment ; la paille d'orge une moitié de celle de froment ; la paille d'avoine un peu plus que la paille d'orge.

Les pailles de colza, de vesce, de sarrasin contiennent de fortes quantités des substances que l'on trouve dans la cendre de bois et qu'on appelle potasse et soude ; c'est pour cela qu'on fournit ces substances au sarrasin, en mettant par 50 ares vingt et quelques demi-hectolitres de cendre de bois à la terre que l'on sème en sarrasin ; plus tard, la paille du sarrasin mise en fumier en rendra une portion à la terre.

Quand on est obligé de mettre des feuilles pour litière, les feuilles de bruyère, de hêtre et de chêne sont les meilleures, pour la quantité d'azote qu'elles contiennent. Les balles de froment ne représentent que la moitié de ce que contiennent les feuilles de bruyère, les deux tiers de ce que représentent les feuilles de hêtre et de chêne. La fougère n'a aucune valeur en azote par elle-même ; elle n'a d'autre mérite que d'empêcher les animaux de se reposer sur leurs excréments ; en outre, elle absorbe un peu les déjections animales. Dans certains pays, on étend dans les étables du tan qui a servi dans les tanneries, mais on peut appliquer au tan la même observation qu'à la fougère ; c'est un moyen de recueillir des déjections, mais je ne voudrais pas qu'il fût étendu sous les bestiaux, de crainte que certaines portions n'eussent servi à tanner les peaux d'animaux morts de maladies contagieuses. Des agriculteurs et surtout des jardiniers attribuent au tan une valeur comme engrais.

Dans notre pays, il est plus simple de recueillir l'excédant des jus au moyen du sable de grève.

Le fumier des bêtes à cornes est plus froid que celui de cheval et de mouton ; il se maintient longtemps dans le sol, il exerce une action toujours uniforme, il peut mouiller une grande quantité de litière, il est convenable à presque toutes les cultures.

Le fumier de cheval est très-nourrissant, très-chaud, très-énergique, se décompose promptement, exige, proportionnellement, une moins grande quantité de litière que le fumier des bêtes à cornes ; mais aussi son action est moins durable.

Le fumier de mouton est très-substantiel ; son action est moins durable que celle du fumier de cheval ; il se mêle difficilement à la litière ; il faut moins de litière pour le recueillir que pour les déjections des autres animaux.

Le fumier de porc est froid, mais on peut le corriger en le mélangeant avec d'autres engrais.

On peut avoir avantage à mêler les engrais des chevaux et ceux des bêtes à cornes ; mais, selon moi, le mélange doit avoir une plus grande proportion de fumier des chevaux dans les terres compactes et froides, et le mélange doit avoir une plus grande proportion de fumier des vaches dans les terres sablonneuses ou chaudes et arides pendant l'été.

Le fumier des volailles est brûlant ; on doit donc le mélanger avec d'autres matières pour diminuer sa force et la distribuer plus également.

Le guano est formé par les déjections d'oiseaux de mer qui vont se reposer sur des îles, et aussi par les os de ces oiseaux qui meurent sur les mêmes îles. En brûlant une pincée sur une pelle en fer rougie au feu, il ne doit rester que des cendres d'os, si le guano est bon.

Le noir animal est formé par des os pulvérisés et mélangés de sang de bœuf qui ont servi à clarifier le sucre raffiné.

La flèche est bien connue ; elle agit par les substances avantageuses qu'elle fournit à la terre en se décomposant.

On sait ce que l'on entend par les déjections humaines ; mais, pour que l'usage de cet engrais excite moins de répugnance, il est indispensable d'y mêler du sulfate de fer, qui enlève l'odeur ; le sulfate de fer coûte extrêmement bon marché et améliore lui-même la terre.

Je cite les chairs des animaux cuites dans des fourneaux, uniquement pour ne pas les omettre dans la liste des engrais.

La cendre est un excellent engrais, mais la cendre qui a servi à la lessive a perdu une très-grande partie de sa puissance.

Le terreau est formé par la décomposition de matières végétales ; le terreau rend plus meubles les terres trop fortes, et plus humides les terres trop légères. Le terreau introduit dans le sol des matières très-profitables, entre autres, de l'azote et de l'acide carbonique ; il y entretient la chaleur par la fermentation des végétaux qui se décomposent.

Les décombres des maisons étant de la terre argileuse, délassée et mélangée de chaux, ces décombres lient le sol des terres faibles et sèches et augmentent le produit de la terre très-sensiblement.

La chaux agit comme réchauffant les terres humides, comme décomposant, pour les réduire en terreau, les végétaux qui sont dans la terre, mais elle agit aussi comme dégageant dans la terre certaines substances favorables à la production ; c'est cette dernière circonstance, que la chaux dégage, en quantité considérable, certaines substances, qui oblige à ne l'employer qu'avec beaucoup de précaution ; il arrive en effet, quand on abuse de la chaux, qu'on a dégagé de la terre une telle quantité des substances productives, qu'il faut beaucoup d'années pour qu'il s'en forme de nouvelles dans le sol.

De là le vieux proverbe : La chaux enrichit les parents et appauvrit les enfants. C'est un motif pour employer la chaux en petite quantité, mais non pour la supprimer totalement. Dans tous les cas, il faut employer beaucoup de fumier pour restituer les substances enlevées à la terre, autant que possible.

Le plâtre est un composé qui contient de la chaux ; la France entière a été interrogée pour exprimer son opinion sur le plâtre ; à l'unanimité, les départements ont décidé que le plâtre n'est pas utile dans les terrains humides ; à l'unanimité, moins deux départements, on a décidé que le plâtre n'est pas utile aux céréales ; mais, à l'unanimité, moins trois départements, on a décidé que l'emploi du plâtre est utile à la culture des prairies artificielles et des légumineuses. On doit attendre à semer le plâtre jusqu'à ce que les feuilles soient formées, quand on l'emploie pour améliorer une récolte ; il agit principalement sur les feuilles.

Les oignons, les choux, les carottes sont des légumes ; les haricots, les pois, les fèves, la vesce, la luzerne, le sainfoin, le trèfle sont appelés légumineux. On appelle légumineuses les plantes dont la fleur a la forme du papillon et dont les graines sont le plus souvent renfermées dans une gousse ou cosse plus ou moins allongée. Les légumes proprement dits sont des plantes que l'on mange ; les légumineux sont des plantes dont le feuillage a du rapport avec les légumes, mais dont on mange seulement les graines dans leurs cosses ou extraites de leurs cosses.

Le sable vaseux agit de deux manières : comme amendement, en ameublissant la terre, il la rend plus facile à travailler et permet à la chaleur et à l'air d'y pénétrer plus facilement, il agit en outre par les matières en décomposition qui l'accompagnent ; ces matières fournissent de l'engrais à la terre et la fertilisent.

Mais il est à craindre de faire échauder les récoltes si on néglige de laisser le sable se dessaler pendant quelques mois à la pluie, ou si on l'applique en trop grande quantité et sans le mélanger avec de la terre.

Le sable coquillier agit comme calcaire et comme ameublissant la terre en la divisant.

Le sable coquillier se tient plus longtemps que le sable de grève dans les couches supérieures de la terre, attendu que celui-ci étant plus lourd il s'enfonce plus facilement dans la terre ; dans trois ans il est au fond.

Le phospho-guano n'a pas été essayé par moi ; je sais que le guano, provenant des déjections des oiseaux, développe les feuilles des plantes, et que quand on fournit du phosphore à la terre, les plantes donnent plus de grain ou de graine ; mais on peut se passer de cet engrais ; comme je l'ai dit, le guano contient des os d'oiseaux, par suite, du phosphore.

J'ai indiqué à l'article lin, dans la composition de l'engrais irlandais, deux sels que l'on peut employer : pour les pommes de terre on peut employer les nitrates ou les carbonates de soude et les nitrates de potasse ; mais on doit leur préférer la cendre, tandis que la cendre sera à bon marché.

Je n'ai pas cité le sel ordinaire, appelé gros sel, parmi les engrais et les amendements, parce que, tout bien considéré, il n'y a pas avantage à en faire usage.

Si les hommes mangent un peu de sel, il n'y a pas d'inconvénient ; mais s'ils en mangent beaucoup, cette substance excite une inflammation très-funeste à la santé : la même observation s'applique aux animaux ; elle s'applique encore à la terre. Le sel brûle les récoltes, à moins qu'il ne soit mis en petite quantité dans des terrains calcaires légers et humides ; encore faut-il en outre que l'année se trouve pluvieuse ; dans ce cas, une action chimique peut fournir de la soude : mais les mauvaises chances que l'on a contre soi ne méritent pas qu'on expose les récoltes pour un avantage minime.

Il faut ajouter que les pluies qui sont formées par les vapeurs qui s'élèvent de l'eau de la mer, viennent fournir déjà des quantités variables de sel marin, ce qui rend le dosage presque impossible.

On pourrait mettre de l'eau de mer, ou de la flèche fortement mouillée d'eau de mer, si l'on désire hâter la fermentation d'un fumier dont on est pressé ; mais ici encore l'avantage est minime.

Soins à donner aux fumiers des animaux.

Le premier soin, c'est d'éviter que le purin soit absorbé en partie et perdu dans le sol même de l'étable ou de l'écurie ; en second lieu, la litière qui s'est imprégnée de jus et de déjections des animaux doit être placée avec précaution sur un terrain convenable ; en troisième lieu, on doit conduire à un réservoir les jus qui n'ont pas été absorbés par les litières, ainsi que les jus qui s'égouttent des tas de fumier déposés à l'intérieur. Ces jus du réservoir serviront à arroser les tas de fumier quand ils seront trop desséchés ou bien à faire des mélanges avec du sable et de la terre.

On doit éviter que les eaux pluviales, à l'exception de celles qui tombent directement sur le fumier, se mélangent au jus.

Il est à désirer que les fumiers soient abrités par de grands arbres, ou qu'ils se trouvent placés au nord des maisons qui font le côté sud d'une cour de ferme ; enfin, quand on le peut, on place des tas d'ajoncs et de genêts au sud du fumier, de la sorte on évite que le fumier soit trop desséché par le soleil, ce qui lui ferait perdre une partie de ses qualités. Des branches d'arbres coupées et jetées sur les fumiers pendant les plus fortes chaleurs atténueront le mal quand le fumier sera exposé au soleil.

On empêchera encore que le soleil dessèche trop le fumier en donnant à la partie supérieure du fumier une certaine inclinaison vers le nord, en lui donnant, par exemple, 2 m. 10 de hauteur dans le sud et 1 m. 70 dans le nord.

Pour empêcher les eaux des toits de se mêler aux fumiers, on pourrait leur appliquer des gouttières, envoyer ces eaux pluviales en dehors de la cour, ou les envoyer soit dans un réservoir propre en pierres et ciment, soit dans une pièce en bois de cinq à six barriques, ce qui fournirait de l'eau pour l'usage de la ferme. Ces réservoirs sont placés au-dessus du terrain, en sorte qu'il suffit d'ouvrir un robinet pour avoir de l'eau pour le ménage ou pour les bestiaux.

On pourrait encore établir des caniveaux ou petits ruisseaux en pierres au pied des murailles pour recevoir l'eau des toits et la conduire au dehors.

Des planches placées sur champ autour et à quelques décimètres du fumier pourraient empêcher les eaux des toits d'atteindre le fumier. Dans certains cas, il suffit de faire de petits remparts de gros fumier pour détourner les eaux pluviales.

A Dunkerque, j'ai vu un vaste réservoir à fumier creusé dans la terre, pavé en douce pente comme un coin et garni de murs autour ; une petite élévation des murs au-dessus de la surface de la cour empêche les eaux de pluie de se rendre dans ce réservoir ; les excédants des purins des étables et des écuries se rendent dans le même réservoir par des canaux qui passent sous la surface de la cour ; l'excédant de jus se rend dans l'extrémité la plus basse du réservoir.

Chez Bodin, les tas de fumier sont, d'après les principes indiqués par Dombasle, placés sur un terrain bien glaisé en carré long, tout autour se trouvent de petits canaux en bois ayant environ 13 centimètres en hauteur et en largeur ; ces canaux conduisent à un petit réservoir

…menté placé dans un coin du carré ; le jus assemblé dans ce petit réservoir sert à arroser le fumier ; l'excédant se rend à un réservoir général placé un peu plus loin.

Ces petits canaux sont placés, ainsi que le terrain glaisé sur lequel on dépose les fumiers, un peu au-dessus de la surface de la cour, pour que les eaux pluviales des toits et du reste de la cour n'aillent pas se mêler aux jus.

Je donne la préférence au système employé par Bodin et Dombasle, parce que le fumier se décompose moins régulièrement dans les fosses.

Je pense cependant que l'on pourrait y ajouter un léger perfectionnement. Ce serait de creuser sur le terrain élevé et glaisé une profondeur de dix centimètres ; alors le jus serait un peu contenu dans cet espace et servirait à humecter, au bout d'un certain temps, le fond du fumier, et, par suite, les couches placées au-dessus, à mesure qu'il sècherait.

Il ne faut pas confondre le système employé à Dunkerque avec les fosses garnies de maçonnerie dans lesquelles on entasse pêle-mêle les substances qui forment le fumier, dont le fond ne présente aucune pente, et qui manquent d'un espace libre pour servir de réservoir aux excédants de jus. Dans ces fosses, la fermentation se fait très-inégalement et d'une manière imparfaite.

Je propose, en définitive, de modifier comme il suit le système de M. Bodin : les petits canaux placés autour du tas seront assez profonds, ils auront une planche de côté, plus basse du côté du fumier, afin qu'ils reçoivent facilement le jus ; plus haute du côté de l'espace de la cour qui les entoure, afin d'arrêter les eaux pluviales : contre ce dernier côté, on disposera de l'argile en douce pente pour être plus sûr de renvoyer l'eau des toits et de la cour.

Il serait bon qu'on ne fût pas obligé d'enlever une partie des petits canaux quand il s'agira d'enlever le fumier avec des charrettes ; il suffira de placer deux pièces de bois vis-à-vis les roues, ou de jeter quelques fourchées de gros fumier sur le canal.

Il reste une observation : c'est qu'il est à désirer que l'on puisse déposer du fumier qui n'est pas encore suffisamment imprégné de jus, autour du tas ; alors les bestiaux le foulent aux pieds et y laissent tomber, en passant, des excréments ; on le met sur le dessus du tas quand il est assez détrempé pour résister à la sécheresse. A ce point de vue, il serait préférable de faire des caniveaux au pied des murailles pour recevoir les égouts des toits et d'appliquer, en outre, des canaux en bois pour recevoir le jus qui s'écoulera des tas de fumier ; alors le fumier sec sera, comme de coutume, placé autour du tas principal.

Il reste à déterminer quelle hauteur il est convenable de donner au tas de fumier : je ne crains pas de parler longuement des détails relatifs à ce sujet ; je serai suffisamment satisfait si j'obtiens assez d'avantage pour avoir du fumier de meilleure qualité et en quantité suffisante pour fumer un journal de terre en plus. Une terre bien fumée en bon fumier demande moins de soins minutieux et moins de main-d'œuvre.

On a observé qu'un tas de fumier ne devait pas avoir plus de deux mètres de hauteur. La couche supérieure aura à peu près le même aspect qu'elle avait au sortir de l'étable et de l'écurie ; la seconde couche présentera une paille facile à désunir et d'une couleur plus foncée ; on sentira l'odeur d'ammoniaque. Cette couleur foncée se foncera davantage à mesure que l'on s'approche de la couche inférieure ; cette dernière couche est une matière noire sentant légèrement les œufs pourris.

Les fumiers de notre pays ont environ 12 mètres de longueur sur 6 mètres 50ᶜ de largeur et 1 mètre 80ᶜ de hauteur ; un semblable fumier contient 140 mètres cubes ; en retirant 1 mètre sur chaque bout et lui donnant 2 mètres de hauteur, on aura 130 mètres cubes ; en retranchant

50 centimètres sur chacun des grands côtés et donnant 2 mètres de hauteur, on aurait encore 132 mètres cubes ; en retranchant 1 mètre sur les bouts et 50 centimètres de chaque côté sur la largeur, à 2 mètres de hauteur, on aurait encore 110 mètres cubes.

On recommande de ne pas dépasser de beaucoup la hauteur 2 mètres ; d'une part, parce que la pesanteur résultant de l'élévation ferait sortir beaucoup de jus, et d'un autre côté, parce que la masse étant trop serrée, l'air y pénétrerait moins facilement. On reconnaît que l'air n'a pas pénétré assez facilement dans le tas de fumier quand on rencontre des moisissures.

Il est à remarquer que si l'air passe trop facilement dans le fumier, cela retarde sa décomposition ; aussi, dans le jardinage, lorsque l'on veut se réserver du fumier de cheval sans le décomposer pendant un mois, deux mois, le professeur Gressent recommande de mettre ce fumier en mulons à l'état sec ; on passe des perches transversales dans les mulons pour les aérer et empêcher le fumier de fermenter ; enfin, on les recouvre d'un capuchon de paille pour empêcher la pluie de pénétrer dans l'intérieur.

Je passe à l'examen des précautions à prendre pour que le jus ne se perde pas dans le sol des écuries et des étables. J'ai remarqué que dans certaines écuries ou étables à fond argileux compacte, un simple pavé suffit pour empêcher l'eau de s'imbiber dans la terre ; dans d'autres, le jus se perd en partie, malgré le pavage. Le plus sûr est de paver sur un lit de chaux grasse mélangée de ciment Portland ou de ciment Vassy.

Quelques personnes mettent deux parties de chaux hydraulique, deux de ciment Portland et quatre parties de sable, et mélangent avec des pierres dures brisées comme pour les routes.

On peut encore mettre 8 centimètres d'épaisseur de pierres brisées que l'on mêle dans 21 litres de chaux hydraulique par mètre et que l'on étend promptement sur le sol bien dressé de l'écurie, bande par bande, avec des tringles de retenue. Le tout revient à 1 fr. 50 c. le mètre superficiel.

Des pierres brisées, mises sur une couche de terre argileuse et que l'on recouvre d'argile mélangée de chaux grasse, finissent par donner un terrain qui ne laisse pas l'eau pénétrer.

On place un canal dans le milieu de l'étable ou en arrière des chevaux dans l'écurie; ce canal est en bois enduit de coaltar et recouvert d'une planche qui laisse un peu de jour pour le passage des liquides.

Il est utile de donner une pente faible pour que les bestiaux soient placés naturellement, assez forte pour que les excédants de jus ne s'arrêtent pas. On estime que 4 ou 5 millimètres par mètre suffisent.

On attribue à différentes causes la circonstance que les fermiers sont souvent à court de paille; une des principales est tout simplement que le nombre des bestiaux a augmenté; par conséquent il y a lieu de faire en sorte que la paille mise en litière serve plus longtemps, et que cependant les bestiaux soient tenus dans un bon état de propreté; le moyen, c'est qu'une partie des jus ne reste pas à imbiber les pailles et s'écoule vers le fumier sec qui entoure le tas ou vers le réservoir commun.

Selon moi, le réservoir commun n'a pas besoin de présenter un cube considérable, attendu qu'on prendra une partie du jus qu'il contient pour arroser le fumier, et que le reste sera retiré quand on le voudra pour le mélanger avec de la terre ou du sable ou avec le sable et la terre réunis. Il semble que 1 mètre 1/2 cube ou 7 barriques suffisent; c'est un creux de 1 mètre en tous sens ayant 1 mètre 50 de hauteur.

L'ingénieur en chef d'une grande ligne de chemin de

fer indique que l'on obtient un bon résultat en formant
un réservoir avec des briques grossièrement disposées, en
les trempant dans un mortier de chaux grasse auquel on
ajoute du ciment Vassy versé dans une auge ou récipient
quelconque au moment de l'emploi; on fait ensuite un
enduit plus soigné composé de parties égales de sable et
de ciment Vassy, recoupé à la truelle et non lissé. Les
enduits doivent être faits deux mois avant l'époque des
gelées.

Le réservoir pour la transformation des mauvaises herbes
en engrais peut avoir 2 mètres de longueur sur 1 mètre 50
de largeur et 1 mètre 20 de profondeur. Souvent il peut
y avoir avantage à l'établir au-dessus de la terre, ou en
partie au-dessus de la terre, surtout s'il n'est pas possible
d'y conduire les jus par une pente naturelle, ce qui oblige
à les enlever dans des vases pour les vider dans le réservoir. En fait, il est donc utile d'avoir le petit réservoir à
l'un des angles du fumier, le réservoir général et le réservoir pour la transformation des mauvaises herbes en
engrais.

Lorsque ces réservoirs n'existent pas, on se rapproche
du résultat en creusant au pied du fumier, dans la partie
la plus basse de la cour, sur une longueur, une largeur
et une profondeur suffisantes, un espace pour recevoir les
excédants de jus; alors, dans ce creux on place les mauvaises herbes que l'on veut transformer en engrais, on
remue de temps en temps et l'on place sur les côtés les
herbes qui ont assez fermenté, pour faire place à d'autres.

Je donne ces détails de construction des réservoirs afin
que les fermiers reconnaissent que l'exécution de ces travaux ne demande que de minimes charrois et peu de gêne;
dans tous les cas, l'avantage surpassera la gêne.

Il faut garder une juste raison en toutes choses : il faut
donc tenir son fumier ni trop sec ni trop pourri. Lorsqu'on
emploie le fumier bien consommé, il agit très-prompte-

ment, et les mauvaises graines sont, pour la plupart, hors d'état de germer, mais les effets de l'engrais sont moins durables ; par ailleurs, il perd beaucoup de son volume et une portion des substances qui donnent la fertilité à la terre. Il serait bien d'avoir un tiers ou un quart en fumier avancé ; le reste plus frais. J'ai indiqué que certaines plantes réussissent mieux avec les fumiers frais, par exemple, les pommes de terre ; d'autres plantes réussissent mieux avec des fumiers bien consommés, par exemple, les betteraves, les carottes.

Dans le jardinage, on fait remarquer qu'il faut donner une forte fumure aux plantes qui vivent avec beaucoup de feuilles : aux artichauts, aux choux, aux pommes de terre ; mais quand il s'agit des plantes cultivées pour leurs grains, les fèves, les haricots, les pois, les vesces, on peut les confier à une terre dont la forte fumure a été mangée en grande partie par deux récoltes, mais alors il faut donner un très-fort cendrage, comme pour le blé-noir.

On a encore remarqué que la substance appelée phosphore aide à faire produire des grains. Cette substance se trouve dans les os qui servent à faire le noir animal de bonne qualité.

On arriverait donc à composer un bon engrais, pour obtenir des grains, en mélangeant du guano qui aidera à fournir les feuilles par la graisse qu'il contient, et qui aidera un peu à fournir des grains par les os qu'il contient en petite quantité ; du plâtre qui aidera encore au développement des feuilles, du noir animal, de la cendre aideront tous les deux à ce but proposé qui est que les plantes produisent beaucoup de grains.

Il y aurait à chercher une bonne proportion et à mettre la quantité plus ou moins considérable, selon que la terre est déjà plus ou moins grasse, et selon les plantes auxquelles on destine ces engrais.

On pourrait essayer avec huit hectolitres de bonne
cendre. . . . . 12 fr. »

    Noir animal, 45 kil., à 12 fr. les 90 kil., 6   »

    Plâtre,   40 kil. 4   »

    Guano,   40 kil. 15   »

Le propriétaire paierait la moitié de cet engrais supplé-
mentaire qui assurerait la récolte et laisserait encore de
la graisse et de l'amendement dans la terre pour les récoltes suivantes, en même temps qu'on empêche la terre
de se fatiguer autant, en fournissant la récolte à laquelle
la composition est appliquée.

Il est certain qu'il est très-important d'être à même de
faire de semblables compositions, non-seulement pour la
mise en terre de la récolte, mais encore pour en faire emploi quand on s'aperçoit qu'une récolte souffre faute d'avoir
mis assez d'engrais, ou bien parce que l'engrais ne se décompose pas assez vite pour pénétrer dans les racines de
la plante, ou bien, enfin, parce que les pluies froides, les
gelées ou la sécheresse ont fait souffrir les plantes pendant
les premiers temps de leur sortie de la terre.

J'indiquerai seulement que certains cultivateurs emploient le jus des écuries et des étables mélangé dans certaines proportions, dans de grands réservoirs, avec du
guano, du noir animal et autres substances ; dans cette
méthode d'engraisser la terre, on a remarqué que l'engrais liquide doit être répandu sur la terre par le jet d'une
pompe munie d'une pomme comme celle des arrosoirs,
qui élève l'eau à une hauteur déterminée dans l'air, puis
la fait retomber sous forme de pluie.

ASSOLEMENTS.

On appelle assolement et vulgairement écompôt, la distribution des produits qui devront se succéder dans des pièces de terre ou dans les divisions d'une pièce de terre.

L'assolement d'un ensemble de pièces de terre est la distribution des produits dans les différentes pièces les unes par rapport aux autres ; c'est-à-dire que lorsque telle et telles pièces fourniront tel produit, telle et telles pièces fourniront un autre produit.

On prend généralement le froment, qui est le grain le plus parfait, mais qui enlève le plus de substances nutritives à la terre, comme point de départ d'un assolement ; dans la culture perfectionnée, il est plus juste de prendre pour point de départ une plante fourragère qui reçoit l'engrais ou moitié de l'engrais. On peut encore calculer l'assolement d'après les récoltes que l'on veut mettre entre deux froments : froment, pommes de terre, voilà un assolement de deux ans.

On pourrait dire encore que l'on met une année de pommes de terre entre deux froments et que l'assolement est de deux ans. Il est des cas où l'on récolte plusieurs produits dans une des années de l'assolement.

C'est surtout dans cette matière des assolements que l'expérience et les connaissances des parents sont précieuses pour les enfants. En effet, tels assolements conviennent dans une terre et ne conviennent pas dans une autre ; la réussite d'un assolement dépend d'ailleurs d'une foule de circonstances.

Si la terre est riche, profondément défoncée depuis longtemps, pourvue d'une grande quantité d'engrais de bonne qualité, on pourra rapprocher la production du froment ; mais les terres légères, peu profondes, peu engraissées, ne pourront supporter du froment que tous les quatre ou tous les cinq ans. Quelquefois ces terres ne pourront supporter que du seigle ; quelquefois on devra les laisser en pâture pendant deux ou trois ans. J'indiquerai plus loin qu'en rapprochant la mise du fumier, on peut faire produire davantage aux terres légères.

On suppose que l'on s'occupe de la culture des plantes suivantes, sauf en quelques années exceptionnelles :

Blé, avoine, blé noir, orge, vesce, pois roux, pois verts, pommes de terre, carottes, navets, betteraves, choux, lin, trèfle rouge, trèfle ordinaire, ajoncs pour nourriture des chevaux ; en certaines années, on laisse en pâture avec genêts ; en certaines années, on cultive le terrain d'une prairie en y semant du lin ou une céréale. Je ne parle pas du colza, parce qu'on ne peut entrevoir quand on pourra le cultiver avec avantage.

Dombasle cite plusieurs règles générales pour les assolements ; en voici l'abrégé :

1° On doit placer des récoltes améliorantes entre les récoltes épuisantes ;

2° Les récoltes sarclées doivent revenir assez souvent pour maintenir le terrain bien net de plantes nuisibles ;

3° Il est bien d'appliquer le fumier à la récolte sarclée, parce que le travail qu'on lui donne détruit les mauvaises plantes dont les graines étaient mêlées dans le fumier ou que le fumier a nourries ; il est mieux de garder une portion du fumier pour soutenir la récolte qui suivra la plante sarclée ;

4° Les récoltes sarclées doivent recevoir des labours fréquents à la houe à main ou à la houe à cheval ;

5° On doit, autant que possible, mettre de la distance entre les produits de même genre ;

6° Le trèfle, la luzerne, le sainfoin, et, en général, les plantes à fourrage destinées à être fauchées ou pâturées, seront placées dans la céréale qui suit immédiatement la récolte sarclée et fumée. Je déroge à cette règle pour la luzerne ; j'ai expérimenté qu'on lui donnait une terre mieux préparée dans une température plus chaude en la semant seule fin mai ou commencement de juin ;

7° On doit choisir les plantes qui conviennent le mieux à la nature du sol, et les confier à la terre dans l'ordre qui est le plus productif sur le territoire que l'on exploite ;

8° L'assolement qu'on adopte doit produire assez de fourrages pour nourrir un nombre de bestiaux qui suffise à fournir la quantité d'engrais nécessaire pour exécuter l'assolement ;

9° Le meilleur assolement est celui qui donne le produit le plus considérable avec le moins de frais.

M. de Kerjégu résume la base de son système dans ces mots : ALTERNER et RESTITUER. *Alterner*, signifie qu'il faut changer chaque année les produits demandés à la terre ; *Restituer*, signifie qu'il faut veiller avec soin au moment où une terre va souffrir par la perte des substances fertilisantes que les récoltes lui ont enlevées, et rendre à la terre par le fumier et les engrais de nouvelles matières fertilisantes. J'ajoute : *labourer profondément,* si le sol le permet, et si l'on a assez d'engrais pour *fumer en proportion.*

Or, pour avoir assez d'engrais, il faut avoir beaucoup de bestiaux et en acheter un peu ; mais pour avoir beaucoup de bestiaux, il faut commencer par avoir assez de nourriture. J'ajoute encore: il faut employer pour semences les grains et graines de première qualité, et pour être sûr de la qualité, il faut trouver, chez soi ou chez des voisins bons cultivateurs, de bons grains et de bonnes graines ; ce n'est que faute de mieux qu'on en prend chez les marchands ; alors on s'adresse à des marchands de toute confiance. Il faut éviter de prendre les grains et graines pour semences dans des terres fatiguées et en assolement forcé ; dans ces cas, en effet, les grains et graines n'ont pas une conformation saine et complète. On doit les choisir dans les terres de première qualité et les mieux préparées.

Dombasle fait remarquer que les assolements les plus courts sont ceux qui conviennent le mieux aux sols légers, à la condition expresse qu'on fumera souvent, en fumant, il est vrai, à chaque fois, moins fortement que pour les terres argileuses. Ce grand agriculteur recommande de ne pas mépriser la jachère, c'est-à-dire le repos complet de la terre sans rien produire pendant des intervalles plus ou moins longs, mais d'une année au moins, avec ou sans labours. C'est au cultivateur à apprécier ce que demandent telles ou telles pièces de son exploitation ; les unes peuvent attendre quinze ans, d'autres demandent un repos plus fréquent.

J'ai dit que l'expérience et les connaissances des parents sont précieuses dans cette question des assolements : on en comprendra mieux la raison si l'on songe que trois produits peuvent se succéder de six manières différentes, quatre produits peuvent se succéder de vingt-quatre manières différentes, cinq produits peuvent se succéder de cent vingt manières différentes ; par conséquent, il est impossible à un homme de faire par lui-même l'essai de la succession qui lui est avantageuse ; heureusement qu'il y a des essais tout faits et que certaines plantes peuvent suivre également bien un certain nombre de mutations.

EXEMPLE :

Pommes de terre, — froment, — trèfle.
Pommes de terre, — trèfle, — froment.
Trèfle, — pommes de terre, — froment.
Trèfle, — froment, — pommes de terre.

Froment, — pommes de terre, — trèfle.
Froment, — trèfle, — pommes de terre.

L'expérience prouve que le premier assolement est le meilleur.

Supposons qu'on veuille réaliser un assolement de quatre produits ; on a vingt-quatre dispositions.

Pommes de terre, — froment, — trèfle, — avoine.
Pommes de terre, — froment, — avoine, — trèfle.
Pommes de terre, — avoine, — froment, — trèfle.
Pommes de terre, — avoine, — trèfle, — froment.
Pommes de terre, — trèfle, — avoine, — froment.
Pommes de terre, — trèfle, — froment, — avoine.
Avoine, — pommes de terre, — trèfle, — froment.
Avoine, — pommes de terre, — froment, — trèfle.
Avoine, — trèfle, — pommes de terre, — froment.
Avoine, — trèfle, — froment, — pommes de terre.
Avoine, — froment, — trèfle, — pommes de terre.
Avoine, — froment, — pommes de terre, — trèfle.
Froment, — pommes de terre, — trèfle, — avoine.
Froment, — pommes de terre, — avoine, — trèfle.
Froment, — avoine, — pommes de terre, — trèfle.
Froment, — avoine, — trèfle, — pommes de terre.
Froment, — trèfle, — pommes de terre, — avoine.
Froment, — trèfle, — avoine, — pommes de terre.
Trèfle, — froment, — pommes de terre, — avoine.
Trèfle, — froment, — avoine, — pommes de terre.
Trèfle, — avoine, — froment, — pommes de terre.
Trèfle, — avoine, — pommes de terre, — froment.
Trèfle, — pommes de terre, — avoine, — froment.
Trèfle, — pommes de terre, — froment, — avoine.

J'ai tenu à prouver ce que j'avais avancé ; j'arriverais à réaliser ce que j'ai dit pour cinq produits. On voit quel doit être l'embarras de ceux qui veulent se livrer à la culture et pratiquer les assolements un peu longs, s'ils n'ont pas en même temps les données de l'expérience ; ils ne songent pas, lorsqu'ils ont essayé cinq à six mutations, qu'ils n'ont pas épuisé la liste, et de nouvelles dispositions continuent de se présenter à leur esprit. Ce qui est plus grave, c'est que souvent, par le manque d'expérience, on commence par des assolements vicieux, et il devient alors difficile de ramener la terre en bon assolement.

Cette observation conduit à une autre : c'est que si l'on demande à dix cultivateurs quel ordre de culture ils suivent, plusieurs suivent des assolements différents, en confiant les mêmes semences à la terre.

Ce qui simplifie l'ordre de la culture, c'est qu'on remplace l'avoine et le sarrasin par divers produits dont la liste est assez limitée, comme je l'ai indiqué plus haut, ou bien on fait suivre ces trois produits par quelques autres, selon la qualité du fond et le degré de fumure que le terrain présente.

Dans certains terrains, on prend une liste un peu longue de produits, et l'on fait reparaître plusieurs fois le même produit dans la période de six ou sept ans ; c'est cependant encore un assolement.

Il reste à exposer quels divers assolements seraient à préférer. J'aurai recours à Dombasle et à Bodin ; mais, je le répète, il ne faut pas accepter ces assolements aveuglément, parce que ces grands agriculteurs raisonnent dans bien des circonstances d'après des situations différentes de celles de nos pays. Ils ont des fonds considérables pour améliorer leurs exploitations et acheter des engrais ; ils ont un débouché, soit pour la vente de la graine de colza, soit pour l'engraissement des bestiaux, soit pour la production du lait, soit pour la vente des porcs et des moutons, soit même pour la vente de la paille, qu'ils remplacent en partie par du tan, etc. Le mieux est donc de considérer si l'on peut suivre les assolements indiqués par ces grands agriculteurs dans les centres où l'on se trouve et en retirer un plus grand profit que dans les assolements que l'on pratique soi-même.

Chaque fermier sait ce qu'un demi-hectare rapporte pour une bonne récolte dans notre pays; mais je crois qu'il est intéressant d'indiquer, d'après Bodin, ce qu'on récolte par demi-hectare pour certains produits : un hectolitre égale trois mesures de 25 kilogrammes de froment environ.

```
Froment,              6 à 15 hectolitres.
Seigle,               5 à 12     id.
Orge,                 7 1/2 à 20 id.
Avoine,               7 1/2 à 17 1/2 hectolitres.
Sarrasin, blé-noir,     10 à 15          id.
Pommes de terre,       100 à 150         id.
Betteraves, 25,000 à 50,000 kilogrammes.
Carottes,    7,500 à 15,000         id.
Navets,        id.  à   id.         id.
Colza, 7 1/2 à 17 1/2 hectolitres de graine.
Lin, 2 1/2 à 5 hect. de graine, 100 à 250 kil. de filasse.
Chanvre, 2 1/2 à 5 h. de graine, 150 à 300 k. de filasse.
Trèfle commun, 1,500 à 3,000 kil. de fourrage sec.
Trèfle rouge,    1,500 à 2,500 kil.        id.
Luzerne,         3,000 à 4,000 kil.        id.
Sainfoin,        1,500 à 3,000 kil.        id.
Vesces,          1,500 à 3,000 kil.        id.
Ray-grass donne  id.       id.            id.
```
mais enlève beaucoup d'azote à la terre.

Comme je citerai des assolements de Bodin, il est encore utile d'indiquer ce qu'il entend par une bonne fumure par demi-hectare, tout en songeant qu'on ne peut fournir de semblables quantités d'engrais, et que, dans beaucoup de terres, les récoltes seraient trop grasses. On appréciera encore qu'en général le fumier employé par Bodin est d'une qualité supérieure.

Cependant il emploie :

Fumier d'étable, de 10 à 15 charretées de 2,000 k. chacune.
Noir animal, 3 à 4 hectolitres.
Cendres, 10 à 15 hectolitres.

Chaux, 10 à 15 barriques, soit 23 à 34 hectolitres 1/2.
Plâtre, 1 1/2 à 2 hectolitres.
Guano, 100 à 150 kilogrammes.

Je présume qu'en bon sable coquiller, pour la première fois que l'on emploie cet amendement dans une terre, on peut mettre cinq cents demi-hectolitres ; au bout de six à sept ans, il suffit de mettre deux cents demi-hectolitres environ.

L'assolement de deux ans ne présente pas de difficulté pour la distribution ; ou bien on met des pommes de terre, des carottes, des betteraves, des navets qui recevront demi-fumure ; on fait suivre par du froment, auquel on donne demi-fumure également ; ou bien on met froment avec fumure complète, et on fait suivre par des pommes de terre, des carottes, des betteraves, des navets, qui profitent de l'engrais qui a été mis au froment.

On pourra encore mettre du froment avec fumure complète et y jeter dans le printemps de la semence de trèfle ; on laissera le trèfle occuper la terre l'année suivante ; immédiatement après, on sèmera encore du froment. Au bout de quelques assolements de deux ans, il est grand temps de prendre des distances plus grandes entre deux froments, pour ne pas fatiguer la terre.

Je n'entrerai pas dans le détail des assolements suivis communément à Pordic et environs ; on peut en tirer de bons résultats en travaillant fortement la terre, fumant et sarclant avec soin ; mais on peut les rendre beaucoup plus lucratifs avec des perfectionnements.

Dans une pièce de terre dont le sol est léger et sablonneux, Dombasle indique l'assolement suivant :

1re année. Pommes de terre, betteraves ou navets avec fumier ;

2e — Seigle, orge ou avoine avec trèfle ;

3e — Trèfle.

A la troisième année du second cours, on remplacerait le trèfle par du sarrasin, parce que le trèfle ne peut revenir pendant longtemps, tous les trois ans, sur le même terrain, surtout dans un sol léger et sablonneux.

Dans un sol très-pauvre on pourrait mettre :

1re année. Pommes de terre ou navets fumés ;
2e   —   Sarrasin coupé pour fourrage ;
3e   —   Seigle.

Sur ce dernier assolement, je fais observer que j'ai expliqué (page 97) que le sarrasin n'est pas un fourrage très-sain ; d'ailleurs on blâmerait de couper, pour les animaux, une levée qui va donner du grain pour les hommes.

Dans une exploitation, on doit se préoccuper du soin de retirer de la terre des récoltes qui fournissent de la paille en quantité suffisante pour la nourriture à l'étable et la litière qui formera le fumier; aussi Dombasle fait remarquer qu'il est à regretter que les deux assolements ci-dessus ne présentent qu'une céréale en trois ans. Pour obtenir une plus grande quantité de paille dans un sol *excessivement léger*, Dombasle engage à pratiquer un assolement de deux ans dans lequel la récolte sarclée moyennement fumée de la première année serait toujours suivie d'une céréale, avec la condition expresse que l'on ferait varier fréquemment l'espèce des plantes sarclées et l'espèce des céréales. Ainsi on cultiverait :

1re année. Pommes de terre ;
2e   —   Blé ;
3e   —   Betteraves ;
4e   —   Avoine.

On ferait ensuite intervenir les navets, les rutabagas, l'orge, le sarrasin. Dans mon opinion, il pourrait être plus avantageux, en certains cas, par exemple lorsque le bétail et le lait se vendent cher, de s'occuper de produire plus de fourrage, sauf à acheter un peu de paille.

Dans les assolements où l'on cultive deux céréales dans trois ans, Mathieu de Dombasle recommande de sarcler soigneusement, même à la main, pour entretenir le sol en bon état de propreté.

Dans les sols de consistance moyenne, on peut suivre un assolement de quatre ou cinq ans. Dombasle introduit dans ces assolements la culture des fèves, féveroles et du colza. Quelques portions de terre en féveroles, que l'on vend pour la marine de l'Etat, ou que l'on brise avec le concasseur pour les employer à la nourriture des animaux, donneraient un bon produit ; je citerai quelques assolements avec le colza pour le cas où, dans l'avenir, il deviendrait possible de cultiver les espèces les plus hâtives et qui approchent de leur maturité avant que les oiseaux soient formés en trop grandes bandes.

EXEMPLES.

Pour quatre années :

1re année. Pommes de terre, betteraves, rutabagas ou choux avec fumier ;
2e — Orge ou avoine ;
3e — Trèfle ;
4o — Blé ou colza d'hiver.

Ou pour cinq années :

1re année. Betteraves, pommes de terre, rutabagas ou choux avec fumier ;
2e — Orge, avoine ou blé de mars avec trèfle ;
3e — Trèfle ;
4e — Blé ;
5e — Vesces pour fourrage.

Ou dans un sol très-riche :

1re année. Betteraves, pommes de terre, rutabagas ou choux avec fumier ;
2e — Orge ou avoine ou blé de mars ;
3e — Trèfle ;
4e — Colza repiqué ;
5e — Blé.

Ce dernier assolement est très-lucratif ; il exige une demi-fumure pour le colza, ou que l'on enterre la seconde coupe du trèfle ; alors on pourra souvent avoir le temps de semer le colza en place.

Dans les sols argileux, on peut suivre les assolements suivants :

Pour quatre années :

1re année. Betteraves, rutabagas ou choux fumés ;
2e — Avoine ;
3e — Trèfle ;
4e — Blé ou colza d'hiver.

Ou :

1re année. Féveroles en lignes et fumées ;
2e — Blé ;
3e — Trèfle ;
4e — Blé ou colza d'hiver ou avoine.

Pour cinq années :

1re année. Betteraves, rutabagas ou choux fumés ;
2e — Avoine ;
3e — Trèfle ;
4e — Blé ou fèves ;
5e — Vesces pour fourrage ou blé après les fèves.

Généralement, pour que l'on ait le temps de semer le colza en place, il faut le faire précéder d'une jachère fumée ; alors on a :

1re année. Jachère fortement fumée :
2e — Colza biné ;
3e — Blé avec trèfle :
4e — Trèfle ;
5e — Blé ou avoine.

Il est utile de rappeler ici que la quantité de blé fournie par une terre bien préparée et bien fumée est bien plus considérable que celle fournie par des terres mal préparées : quand on récoltera neuf hectolitres au demi-hectare dans ces dernières, on récoltera quinze et quelquefois dix-huit hectolitres dans les premières.

Le dernier exemple montre que l'on peut faire revenir le blé une deuxième fois dans un même assolement, si la terre présente un sol riche, bien préparé, si, en outre, la terre a conservé une quantité suffisante de la fumure de la première année ou si on lui a restitué ce qui lui manquait.

Je m'étendrai un peu longuement sur le système de M. Bodin ; il est avantageux de le présenter, parce qu'il permet de faire un choix dans telle ferme que l'on ne pourrait pas faire dans une autre ferme avec le même bénéfice net.

M. Bodin commence son assolement par le blé-noir, c'est à cette plante qu'il met l'engrais, tandis que dans notre pays on met le fumier au blé et de la cendre au blé-noir.

M. Bodin blâme l'assolement :

1re année. Sarrasin ;
2e — Froment d'hiver ;
3e — Avoine ou orge.

Son blâme porte sur ce que l'avoine venant après le froment, les mauvaises herbes se développent considérablement.

Je n'admets pas ce blâme en entier ; je suis d'accord qu'il ne faudrait pas mettre de l'orge après le froment, à moins de semer du trèfle dans l'orge, pour reposer la terre ; j'admets que les mauvaises herbes se développent considérablement, mais dans la succession sarrasin, froment, avoine ; la première et la quatrième année on nettoie la terre des mauvaises herbes ; du reste, dans notre pays, on ne met plus que très-peu de blé-noir, on le remplace par d'autres cultures plus améliorantes. Comme la cendre mise au blé-noir fournirait un peu de matière fertilisante au blé et même à l'avoine, on pourrait reporter sur ces deux semences la quantité de cendre que l'on achetait pour le blé-noir.

Il n'en est pas moins vrai que je partage l'opinion de M. Bodin quand il indique comme étant un meilleur assolement, celui qui comprend un espace de quatre ans :

1re année. Plantes sarclées ;
2e — Céréales de printemps : avoine ou froment avec graine de trèfle ;
3e — Trèfle ;
4e — Froment d'hiver.

Mais je ne perds pas de vue que des assolements comprenant deux à trois ans indiqués par Dombasle peuvent rendre de bons produits ; il ne faut pas être exclusif, il ne faut pas craindre d'appliquer des assolements divers aux diverses pièces de son exploitation, d'après de longues et bonnes expériences.

J'ai une observation à présenter sur le système de M. Bodin ; je vois des inconvénients à mettre la fumure au sarrasin, surtout une forte fumure comme celle qui est indiquée par Bodin. En effet, du blé-noir fortement fumé donne beaucoup de paille et peu de grain, à moins que la fumure ne consiste pour une grande partie en cendre ; or, si on fume avec de la cendre, on n'est plus dans les conditions d'une fumure durable. Une forte fumure peut à la rigueur réussir chez M. Bodin pour deux raisons exceptionnelles : la première, c'est qu'il est à ma connaissance que toutes ses terres ont été défoncées profondément ; la seconde, c'est qu'au moment où il fume le sarrasin, sa terre s'est dépouillée de presque toute sa graisse au profit des récoltes qui l'ont précédé.

J'insiste sur ce point, parce que c'est une nouvelle preuve que ce qui est possible dans une exploitation ne l'est pas dans l'autre. Dans une terre profondément défoncée, il se loge beaucoup plus d'engrais que dans une terre moins approfondie ; par suite, la première plante que l'on applique à la terre ne reçoit pas une aussi abondante quantité d'engrais, que dans une terre peu profonde, aussi fortement fumée ; cet engrais remonte peu à peu, soit que les vers de terre le rejettent à la surface, soit que les racines aillent le chercher plus loin.

Le jardinage ne doit pas être complétement assimilé à la grande culture, mais il est permis à l'observateur d'apprécier ce qui se passe dans une culture pour en déduire ce qui doit se passer dans une autre.

Or, le professeur Gressent donne les enseignements suivants :

Lorsque vous allez créer un jardin, avec assolement de quatre ans, songez que vous allez, la première année, dans le quart de votre jardin, mettre des légumes qui sont constitués pour absorber beaucoup d'engrais sans que cela soit nuisible à leur constitution ; dès lors je recommande de défoncer :

Un sol argileux, à 60 centimètres ;
Un sol de consistance moyenne, à 70 centimètres ;
Un sol de sable, à un mètre.

Une fois l'opération faite, vous déposez sur la surface de la terre une épaisseur de fumier en décomposition de *trente centimètres*, puis vous bêchez.

Selon moi, une partie du jus s'écoule dans la couche inférieure de la terre, l'autre partie du jus reste attachée aux pailles et à la couche supérieure, les racines trouvent une nourriture abondante dès le moment où elles se développent ; les feuilles sont d'un vert noir, la rosée s'y déposera et nourrira les plantes sans enlever des quantités excessives de fumier. Quand arrivent les temps secs, la couche supérieure de la terre absorbe, comme une éponge, le jus des couches inférieures.

Après les légumes constitués pour absorber beaucoup d'engrais, le professeur Gressent indique les plantes qui en prennent moins; et pour la fin de l'assolement, les plantes qui demandent que l'on répande beaucoup de cendres dans le sol.

Je rappelle que dans la grande culture il y a des plantes pour lesquelles on désire avoir des plants vigoureux et beaucoup de feuilles bien grasses, mais pour d'autres plantes nous avons dit que l'on désirait surtout du grain, avec des feuilles moyennes.

Je vais citer maintenant l'assolement que M. Bodin suivait dans sa pratique et que son fils suit encore.

Je ne le regarde pas comme susceptible d'être exécuté ici, puisque le colza n'entre pas dans la culture, mais il est intéressant d'en prendre connaissance.

Le 27 mai 1872, M. Bodin fils m'écrivait : Dans une terre riche à laquelle on *restitue de fortes fumures*, on peut sans crainte suivre l'assolement de six ans, avec céréales, froment, avoine ou orge tous les deux ans, je le répète, c'est une question de fumure. Entre toutes les récoltes, je cultive des fourrages dérobés, navette, trèfle incarnat, etc. Le trèfle incarnat occupant fort peu de temps le sol, il est fait en récolte dérobée, il n'épuise pas beaucoup le terrain, et n'empêche pas de faire du trèfle commun une fois dans la rotation de six ans.

1re année. Betteraves, pommes de terre ou autres plantes sarclées fourragères, sarrasin, fumés autant que possible.

M. Bodin, père, indique une fumure de dix charretées ou environ 20,000 kilogrammes par demi-hectare ;

2e année. Orge, avoine ou froment de printemps, ou même froment d'hiver avec graine de trèfle, sans engrais ;

3e année. La terre est occupée par le trèfle semé dans la céréale de la deuxième année, ou bien, si on le préfère, au lieu de semer du trèfle dans la céréale, on sèmera, pour la troisième année, de la vesce ou tout autre fourrage, sans engrais :

4ᵉ année. Froment d'hiver ou avoine ou seigle sur trèfle, sans engrais. Je pense que si on a mis de la vesce pour la 3ᵉ année, il serait bien de donner un peu d'engrais à la terre pour cette quatrième année ;

5ᵉ année. Colza piqué avec une demi-fumure ;

6ᵉ année. Froment d'hiver, sans engrais.

Je ferai remarquer que cet assolement, suivi par MM. Bodin, père et fils, rentre dans l'assolement de deux ans indiqué par Dombasle, avec cette différence que Dombasle recommande de fumer à chaque récolte sarclée, tandis que Bodin met une forte fumure la première année, puis ne met plus d'engrais qu'à la cinquième année, au colza, encore ne met-il qu'une demi-fumure. Il ne faut pas perdre de vue que Dombasle recommande la fumure à chaque récolte sarclée dans l'assolement de deux ans, pour un sol très-léger ; M. Bodin ayant un sol riche et fort, se trouve en conformité avec les enseignements de Dombasle pour les sols riches et forts.

Lorsque la terre est assez riche pour suivre l'assolement de M. Bodin, on voit que l'on peut économiser beaucoup d'engrais.

Cet assolement doit donner un grand bénéfice net ; le colza fournit souvent quatre cents francs et plus par demi-hectare.

Dans les assolements où l'on rompt de temps en temps une prairie, la récolte d'avoine est plus sûre que la récolte de froment.

Dans les assolements avec pâturages pour reposer la terre, il est toujours avantageux de piquer des genêts dans la récolte qui précède la mise en pâture ; ordinairement on pique les genêts dans l'avoine, quelquefois dans le blé.

En résumé, les cultivateurs qui s'occuperont avec soin de recueillir des plantes fourragères, seront sûrs d'être récompensés de leurs travaux, parce qu'ils auront de bons engrais et pourront dès lors ramener plus souvent la culture du froment sans trop fatiguer la terre.

Jusqu'ici, je me suis occupé de terrains déjà travaillés. Il est bien difficile d'exposer comment on devrait commencer la mise en assolement d'une grande étendue de terre qui n'a jamais été cultivée, ou d'une pièce de terre qui n'a pas encore été mise en culture. Cette question présente cependant un grand intérêt pour un fermier qui serait demandé pour accomplir un travail de ce genre et pour le propriétaire qui serait tenté de faire un achat de terres incultes. Je vais donc réunir ici les principes que j'ai appliqués pour des pièces isolées, avec succès, ou que j'ai indiqués à plusieurs propriétaires qui voulaient bien m'honorer de leur confiance pour de grandes études.

Tout d'abord, les grands agriculteurs sont d'accord que celui qui a cent demi-hectares de bonne terre, ne doit chercher à mettre en culture que dix demi-hectares chaque année, au maximum, autrement la bonne terre est mise en souffrance pour la mauvaise.

Si on veut néanmoins prendre en grand tout un domaine, il faut s'attendre à l'acheter, pour ainsi dire, une seconde fois, car, en matière de travaux de défrichement, il faut faire un très-bon travail sous tous les rapports, ou bien on est à l'avance assuré de l'insuccès.

J'écarte l'étude des terrains à prendre dans les anses ou sur les rivages de la mer ; la dépense est faible en commençant, on se représente des produits fabuleux, puis, tout à coup, une tempête, une négligence, entraînent la la perte des plus belles espérances.

Une terre demeure inculte tantôt pour un motif, tantôt pour un autre, souvent pour plusieurs causes à la fois ; on peut citer les suivantes : Les bras ou l'engrais manquent, le terrain est pierreux ou bourbeux, froid, exposé aux vents, aspecté au nord, noyé ; le sol est formé de terres de mauvaise nature, le terrain est privé de communications commodes, souvent les landes sont environnées de terrains remplis d'eau, alors le vent s'imprègne d'humidité et passe glacial sur la terre que l'on veut mettre en culture.

Le propriétaire doit donc commencer par examiner le terrain par des sondes multipliées et profondes faites à la pioche et à la pelle, et s'assurer s'il peut corriger tout ce qui contribue à la mauvaise qualité du terrain.

Il y a des terrains que l'on peut transformer, il y en a d'autres qui ne seront jamais d'un bon rapport ; il faut s'attacher aux premiers, mais il faut s'abstenir de s'occuper des seconds.

En commençant, le propriétaire ne cherchera à mettre en culture que les meilleures portions; il choisira surtout celles qui sont exposées au midi ou au soleil de deux à trois heures, il tâchera de les faire cultiver par des voisins, en leur donnant des encouragements en argent et de l'engrais, en faisant exécuter lui-même les travaux de dénoiement, soit par des canaux à ciel ouvert, soit par des canaux souterrains de drainage. On élèvera des talus en terre, on mettra de l'engrais aux ajoncs ou aux arbres que l'on plantera sur ces talus pour assurer et hâter leur croissance, afin d'atténuer le mal produit par l'air humide qui vient des terrains voisins.

Les terrains pierreux induisent fréquemment en erreur. On les fait bien travailler à la pelle et à la pioche, ils paraissent assouplis, puis au bout de quelque temps la terre coule entre les pierres, on revient au point de départ. Dans de semblables terrains, il faudrait enlever des quantités considérables de pierres pour l'usage des drains et des chemins, pour que la terre arrive à s'élever au-dessus de la pierre. Il y a lieu de discerner quelle nature de pierres on rencontre, car il y a des pierres siliceuses et argileuses qui se décomposent très-facilement à l'air, à la pluie et aux gelées; par suite elles fournissent une terre capable de nourrir des plantes.

Un point important est celui-ci : Dans les terrains qui ont une couché de qualité passable sur le dessus et une mauvaise qualité en dessous, il est rare que l'on réussisse à faire un bon travail avec la charrue; il faut prévoir dans le calcul des dépenses que le travail sera fait avec la pelle et la pioche, en suivant la marche que j'ai indiquée pour la mise en culture d'un mauvais terrain sur lequel on veut établir un pré, c'est-à-dire déposer la bonne terre d'une bande d'un mètre à côté de la place qu'elle occupait, faire un oreiller avec la mauvaise terre et replacer la bonne terre à la partie supérieure de l'oreiller ainsi préparé. Un homme relèvera avec soin, dans le fond de la raie, les mottes de bonne terre, pour que toute la bonne terre soit à la surface. Lorsqu'on bêche pêle-mêle la mauvaise et la bonne terre, il faut un temps assez long et beaucoup plus d'engrais pour obtenir un bon rapport.

Le propriétaire doit employer une partie de ses fonds à préparer ainsi la terre par les voisins; ce n'est que quand le sol prend une bonne apparence qui promet le succès, qu'il doit s'occuper des bâtiments ; ces bâtiments seront disposés de façon à ce qu'on puisse en augmenter l'importance à mesure que l'étendue cultivée augmentera.

A cette occasion, je citerai que la santé des habitants s'est trouvée conservée bonne par une circonstance fortuite ; dans une lande on avait bâti une étable pour les vaches à la suite du pignon de la maison d'habitation, et, pour leur donner plus aisément des soins, on avait laissé une porte de communication : il en est résulté que l'air chaud et sain de l'étable entretenait une douce chaleur dans la maison d'habitation, circonstance précieuse dans une lande où, généralement, les habitants sont atteints par des froids qui entraînent des maladies et ralentissent l'exploitation déjà difficile par elle-même.

Dans ces entreprises, on emploie des quantités notables de chaux, dix, quinze, vingt barriques par demi-hectare, mais il ne faut pas se laisser éblouir par les résultats ; on doit promptement diminuer l'emploi de la chaux et ne pas craindre de grandes dépenses pour l'achat de fumier et d'engrais, jusqu'à ce que l'exploitation puisse se suffire sous ce rapport.

Une erreur grave dans le choix des assolements pour la mise en culture d'une lande, c'est que l'on croit en retirer des produits de toutes espèces comme dans une bonne terre, sans considérer que la nature du terrain ne se prête pas à de semblables prétentions. La règle à suivre, c'est d'essayer ce que telles et telles pièces peuvent produire le plus sûrement et de manière à fournir le plus grand bénéfice net. Faute d'avoir pris ces précautions, on entend des propriétaires dire : Mes blés n'ont pas réussi, je n'ai pu obtenir telles et telles plantes.

D'après mes principes on doit, dans les débuts, se livrer principalement aux cultures qui peuvent se faire au printemps, afin que les gelées étant passées, et le soleil prenant de la force, on ait de meilleures chances de réussir ; au bout de quelques années, la terre permet de lui confier des semences, même aux époques ordinaires ; toutefois, il y aura lieu de se tenir toujours en défiance.

Cette circonstance, que l'on se bornera à certaines cultures, empêchera souvent de pouvoir consommer tous les produits dans l'exploitation elle-même et aussi qu'on ait chez soi certains autres produits indispensables dans une exploitation. Dans ces cas, on s'assurera des débouchés à l'avance pour les produits dont on suppose que l'on aura des excédants, et avec l'argent de leur vente on achètera les produits qu'on ne peut encore obtenir sur son terrain. Quelquefois on pourra traiter à fournir en nature à des voisins tels produits à tel prix les 1,000 kilogrammes, à condition que les voisins fourniront tels autres produits à raison de tel prix les 1,000 kilogrammes ; la différence entre les fournitures se réglerait en argent.

Un grand agriculteur de Nantes recommandait de commencer les défrichements par la culture de l'orge et des plantes sarclées, navets, betteraves, rutabagas, carottes ; le sarrasin, le blé et même parfois le seigle ne doivent être essayés que quand la terre a été travaillée pour ces autres cultures. On établit le plus de prairies possible, le foin étant d'un débouché plus facile que les plantes sarclées ; peu à peu on cultivera ces prairies en assolements de plantes sarclées et de céréales, et on créera des prairies sur d'autres pièces.

Les assolements des terres que l'on défriche seront donc très-simples dans les débuts ; ce ne sera qu'avec le temps que l'on pourra varier les produits.

Je regarde les données qui précèdent comme formant la base de la mise en exploitation d'une lande susceptible de devenir et de rester bonne terre ; mais, comme cela arrive dans toutes les entreprises, il se rencontrera des circonstances particulières qui demanderont que l'on apporte quelques modifications.

Si on entrevoit que les dépenses sont trop grandes, les résultats incertains, le mieux est de suivre le proverbe : Dans le doute, abstiens-toi ; et cet autre : Il vaut mieux chômer que de mal moudre.

Avant de terminer, je vais signaler quelques procédés qui ont leur utilité :

J'engage à se procurer la charrue sans avant-train, pour faire le double-labour qui approfondit le sol labouré à moins de frais qu'avec les instruments à main, et aussi, parce que dans les temps pluvieux on pourra mettre les semences avec la charrue sans avant-train, quand on ne pourra le faire avec les charrues avec avant-train.

J'ai indiqué plusieurs moyens pour récolter la graine de trèfle, j'ajoute celui-ci : Lorsque le temps est incertain, il est avantageux de passer tout ce que l'on peut de trèfle une seule fois à la mécanique et de ramasser ce que l'on a retiré de fleurs à l'abri, pour les repasser plus tard.

J'ai indiqué, page 31, un procédé pour semer les graines de betteraves ; j'ai vérifié par moi-même qu'il est possible d'appliquer ce procédé à la semence des carottes. S'il est important d'économiser les frais pour confier la semence à la terre, il importe à un plus haut degré d'assurer la récolte et d'économiser les frais de sarclage qui sont beaucoup plus dispendieux.

Les lignes étant tracées par le rayonneur, un enfant suivra sur chaque ligne tenant à la main une baguette de vingt centimètres de longueur ; il la tournera très-vite comme pour compter au jeu du pivot, et avec chaque bout il fera une légère trace sur la terre ; une femme tenant de la graine dans une écuelle prendra une graine et la posera sur chaque trace indiquée par la baguette ; une personne suivra pour couvrir.

Si le vent est violent, la femme, en déposant la graine, appuiera dessus et la recouvrira d'un peu de terre avec le revers de la main. On pourrait encore faire tremper un peu la graine la veille.

Je suis convaincu que ce procédé n'a jamais été indiqué, parce qu'on n'a pas fait le calcul du peu de temps qu'il exige. Or, la montre à la main, deux femmes suivant les deux lignes du rayonneur sèmeront vingt-quatre ares en quinze heures ; ce calcul a été fait en mettant deux graines à chaque trace.

Si, au lieu de mettre une seule graine sur chaque trace on veut en mettre deux, pour le cas où une manquerait, il serait bien de laisser cinq à six centimètres (trois doigts) entre les deux graines ; de la sorte, si les deux lèvent, les carottes auront encore assez d'espace pour grossir.

On est souvent contrarié par la présence de mauvaises

herbes dans la terre ; ces mauvaises herbes absorbent une partie de l'engrais et nuisent aux plantes semées.

Les herbes aquatiques disparaîtront par le drainage. On dit que les chardons sont un signe que la terre est bonne; mais il est mieux de faire disparaitre ces signes. Au mois de mars, on lèvera les jeunes chardons avec des espèces de gouges emmanchées, et dès lors ils n'auront pas le temps de repousser suffisamment pour donner des fleurs avant la coupe des récoltes ; une fois les récoltes enlevées, on pourra les déraciner profondément, les ramasser en tas et les brûler; si on les laisse sur la terre, ils fleuriront et fourniront de la graine.

La beurrière a des racines qui vont à plusieurs mètres de profondeur; elle est surtout nuisible quand elle prend le blé au moment où il est en épi ; il n'y a d'autre ressource que de creuser beaucoup avec la charrue et de sarcler souvent pour empêcher qu'elle atteigne assez de longueur pour saisir le blé.

La bosse qu'on laisse sécher sur la terre par des temps chauds ne tarde pas à périr, mais le plus sûr est de la ramasser dans des paniers et de l'enlever du champ ; s'il y en a peu, le travail n'est pas long: s'il y en a beaucoup, il est indispensable de la retirer pour la brûler ou la laisser pourrir. On entend des cultivateurs prétendre que si l'on travaille de la terre qui contient de la bosse avec les herses et les scarificateurs, on la multiplie; ce serait vrai si on ne l'enlevait pas et si elle ne périssait pas une fois exposée à la chaleur ; il est évident que l'on pourra purger le champ de toute la bosse qui paraîtra, surtout si l'on fait plusieurs tournées, à quelques jours d'intervalle, avec les paniers.

Le chiendent pénètre jusqu'à 1 mètre 20 centimètres de profondeur dans la terre ; le professeur Gressent écrit que le chiendent ne repousse jamais quand il est enterré à 60 centimètres : néanmoins, le plus sûr est de l'enlever du terrain : à cet effet, on arrache celui qui est dans les

30 premiers centimètres au moment où l'on prépare la terre pour le lin, on achève de le faire disparaître avec les plantes qui se récoltent en été : les carottes, les navets, les pommes de terre ; alors on ira le chercher dans les couches les plus profondes où il se trouve.

Le vescie détruit promptement l'herbe des prés ; cette herbe fleurit et mûrit à un faible degré de chaleur et, par suite, nuit surtout dans les prés tardifs. On recommande de mettre peu d'engrais aux prés pour le détruire, mais évidemment la récolte de foin en souffre ; d'autres recommandent de faire paître le pré par des moutons au moment où l'on va cesser de le faire pâturer par les bestiaux ; cette herbe qui, à cette saison, a déjà pris de l'avance, se trouve retardée et ne vient à graine que quand on fauche le pré. Un moyen d'empêcher le foin d'être gâté par cette mauvaise herbe, c'est de couper de bonne heure ; on perd un peu sur la quantité du foin, mais on gagne sur la qualité.

J'ai fait ramasser à peu de frais plusieurs sacs de graines de vescie qui étaient tombées sur la terre ; on balayait les graines avec un balai usé, de manière à les réunir dans de petits espaces ; puis avec les mains on les mettait dans une serviette, puis avec la serviette dans les sacs.

Le moyen le plus sûr est de rompre le pré et d'y semer, après les céréales ou avant des céréales, des plantes nettoyantes ; mais, même avec cette précaution, il reviendra, en quantité moindre il est vrai, au bout de quelques années.

Une exploitation bien dirigée doit présenter des talus de terre purgés de ronces et couverts d'ajoncs bien gras et bien épais ; on y arrive en travaillant les talus à la pioche et à la pelle pendant l'été ; il faut songer que la ronce se propage par son fruit qui tombe à terre et par ses branches, quand les branches s'enfoncent dans la terre ; il est donc de la première importance de couper les branches avant que les fruits soient mûrs et avant que les branches touchent à terre ; on enlève plus tard les racines. Si l'on enlève les ronces souvent, et lorsqu'il y en a peu, il y aura aussi peu de temps dépensé à ce travail.

DESTRUCTION DES TAUPES.

Il est utile que les fermiers connaissent les moyens les plus prompts pour détruire les taupes : je ne parlerai pas de la destruction par les poisons, c'est trop dangereux pour les personnes ; je ne parlerai pas de la destruction par les piéges, il est rare qu'un fermier ait le temps de faire subir aux piéges toutes les préparations nécessaires ; je parlerai de la destruction au moyen d'une marre :

Les taupes se retirent le plus ordinairement sous les haies et dans les fossés, et sortent très-souvent de leur réduit pour aller chercher leur nourriture dans les champs et dans les prairies ; en temps de pluie, c'est dans les fossés qu'on les prend généralement.

La taupe se nourrit de jeunes racines, mais surtout de quelques insectes et de vers de terre.

Les taupes n'ont qu'un petit nombre de routes fréquentées qui partent de leur demeure dans les haies et fossés ; ces routes conduisent à leurs taupinières et à une foule de petits chemins de traverse, à droite et à gauche, qu'elles fouillent en passant pour y chercher leur nourriture.

Les routes principales que les taupes parcourent plusieurs fois par jour ne sont jamais à une grande profondeur, tout au plus à 15 ou 20 centimètres.

On trouve des taupinières alignées sur les routes principales, et d'autres, en plus grand nombre, pratiquées sur les galeries de passage.

Si l'on défait une taupinière fraîche, la taupe ne tarde pas à revenir la réparer. Les taupes travaillent surtout au lever du soleil, vers midi et avant la nuit; mais c'est au déclin du jour qu'elles travaillent avec le plus d'ardeur.

Dans un terrain inégal, c'est généralement sur les points les plus élevés que les taupes se tiennent.

La taupe vient rarement dans une taupinière percée perpendiculairement et ouverte à son sommet, elle vient rarement encore dans une taupinière qui n'a qu'une entrée par la galerie qui y aboutit : c'est donc généralement sur les taupinières du centre et les taupinières fraîches qu'il faut porter son attention.

Pour reconnaître si un passage est fréquenté, on trace un petit sillon de 15 à 20 centimètres de profondeur à la charrue ou avec la houe, le long de la haie, puis on bouche certains passages mis à découvert avec un peu de terre ; si ces passages sont fréquentés, la taupe vient bientôt les déboucher ; de même, si vous apercevez un passage à la surface de la terre, appuyez dessus avec le pied, la taupe se mettra promptement en réparations.

D'après ces notions, pour enlever les taupes avec la marre, marchez sur la pointe du pied pour approcher des taupinières, appuyez sur plusieurs avec le pied, faites le tour de la pièce en marchant avec force ; les taupes faient vers leurs taupinières, les trouvent endommagées, se mettent à fouiller pour rejeter la terre qui obstrue les passages ; en ce moment, vous frappez avec le dos de la marre là où vous présumez que se trouve la taupe, plutôt en arrière qu'en avant ; si vous l'atteignez, elle est étourdie, vous l'enlevez avec le tranchant de la marre ; si vous ne l'avez pas atteinte, vous avez bouché son passage, vous la trouvez en défonçant sur une petite longueur. Si la taupinière est entre deux chemins, vous frapperez avec le dos de la marre un peu en avant pendant que vous appuyez avec le pied en arrière.

Il y a des hommes adroits qui enlèvent les taupes avec leurs couteaux en appuyant avec le pied près de la taupinière où la taupe travaille et en passant la lame du couteau là où la taupe fouille.

Quoique je prenne à ma charge la destruction des taupes par des hommes spéciaux, les fermiers auront toujours avantage à ne pas attendre leur visite.

Je vais actuellement réunir les documents concernant les bestiaux sous le rapport de leurs formes, de leur élevage, de la vente et des achats dans les foires ; enfin, sous le rapport des soins à leur donner pour prévenir les maladies ou pour les guérir dans les cas les plus simples ; il est toujours plus prudent de s'adresser au vétérinaire que de se confier en soi dans les maladies tant soit peu graves ; ce sera l'objet de la seconde partie.

FIN DE LA PREMIÈRE PARTIE.

St-Brieuc. — Imp. F. Hillion, rue des Bouchers, 3.

TABLE ALPHABÉTIQUE

DE LA PREMIÈRE PARTIE.

DESTRUCTION DES CHARANÇONS.

Les charançons, appelés aussi cossons et gonds, ressemblent un peu à des fourmis, mais ont le corps plus maigre, l'enveloppe plus dure, plus noire et moins transparente; leur pas est lent; ils se distinguent surtout par la longueur de la petite corne dont ils sont munis.

Ces insectes sont quelquefois apportés des champs avec le blé, mais ce cas est très-rare; le plus communément ils existent depuis longtemps dans un grenier, ou bien sont apportés par du blé acheté, mais surtout par les sacs que l'on rapporte remplis de farine du moulin, ou que l'on prend chez un meunier pour les remplir de blé qu'on a vendu.

Dans l'hiver, les charançons mangent peu, mais dès les premières chaleurs, ils curent la farine des grains, et vers mai déposent leurs œufs dans la fente des grains de blé et les y fixent au moyen d'une matière gommeuse; comme il y a des milliers d'œufs, ces animaux se multiplient d'une manière terrible.

Lorsqu'on a des charançons dans un grenier ou un magasin quelconque, on commence par mettre à part deux ou trois petits tas de trois à quatre hectolitres chacun; alors on ne remue plus ces tas, mais on remue souvent le tas principal, et aussitôt les charançons vont chercher la tranquillité dans les petits tas; de temps en temps on envoie ces tas au moulin et on les remplace par d'autres.

Si le meunier est contrarié qu'on lui livre du blé contenant des charançons, on passe le blé des petits tas par le ventilateur, ayant soin de mettre un bassin sous le ventilateur ; les charançons tombent dans le bassin et ne peuvent remonter ; alors on les jette dans le feu ou bien l'on verse de l'eau chaude dessus.

On peut encore passer son blé au ventilateur pour détruire une partie des charançons et diminuer ainsi leurs dégâts, puis remettre en magasin. On passe alors de l'eau de chaux dans le ventilateur, quand l'opération est finie, pour chasser les charançons qui auraient pu s'y attacher.

Quelquefois on met une fourmilière de grosses fourmis dans le blé, et celles-ci tuent les charançons.

Le véritable moyen de détruire les charançons, c'est de les prendre par la famine dans la saison des chaleurs ; à cette époque les charançons ont besoin de plus de nourriture que dans l'hiver où ils sont engourdis. Ordinairement à ce moment les magasins et greniers contiennent peu de grains ; alors on traite avec le meunier pour prendre le reste du grain et le mettre en farine. On pourrait encore bien arroser avec de l'eau de chaux un petit appartement éloigné de ceux où l'on dépose le grain habituellement et y mettre une certaine quantité du blé passé au ventilateur ; quand le blé serait parti on arroserait de nouveau avec de l'eau de chaux ce petit appartement.

Les magasins ou greniers étant vides, on balaie le plancher ou la terrasse et l'on jette le poussier dans un bassin, puis dans un petit feu de paille. Cela fait, on arrose les murs avec de l'eau de chaux, en commençant par le mur du fond ; de la sorte, les charançons se rendent vers le plancher ; si on arrosait d'abord le plancher, ils monteraient le long des murs ; après avoir arrosé les murs, on arrose le plancher. Au bout de quelques heures, les charançons sont sortis des fentes, on les balaie et on les jet dans un bassin. On emploie les enfants à tuer les ch ançons qui montent le long des murs, et on balaie plusieurs fois, on secoue le balai avec soin.

Répandre des algues marines, humides d'eau de mer, qu' n appelle vulgairement de la flèche, sur le plancher, fait fuir les charançons, sans doute à cause de la fraîcheur que la flèche produit sur le plancher.

Quand on veut se prémunir contre les charançons, il est prudent de jeter chaque année un lait de chaux sur le plancher, quand le grenier est vide ou presque vide, puis de ne balayer qu'au moment où l'on va y mettre le grain.

E. B.

www.ingramcontent.com/pod-product-compliance
Lightning Source LLC
LaVergne TN
LVHW050617060726
842527LV00004B/1077